互连网络的容错性与故障诊断

胡晓敏　任翔宇　著

U0338092

中国矿业大学出版社
·徐州·

内 容 提 要

本书主要介绍了图的两个容错性参数、不同故障模型下图的诊断能力的关系以及故障网络子结构可靠性的上下界。对高性能计算机系统的设计和研发有着重要的参考价值,同时为系统维护提供了理论依据。本书适合图论研究者和爱好者阅读。

图书在版编目(CIP)数据

互连网络的容错性与故障诊断 / 胡晓敏,任翔宇著
.—徐州:中国矿业大学出版社,2023.8
ISBN 978-7-5646-5933-2

Ⅰ.①互… Ⅱ.①胡…②任… Ⅲ.①互联网络—容错技术—研究②互联网络—故障诊断—研究 Ⅳ.①TP393.08

中国国家版本馆 CIP 数据核字(2023)第 157454 号

书　　名 互连网络的容错性与故障诊断
著　　者 胡晓敏　任翔宇
责任编辑 张　岩
出版发行 中国矿业大学出版社有限责任公司
(江苏省徐州市解放南路　邮编 221008)
营销热线 (0516)83885370　83884103
出版服务 (0516)83995789　83884920
网　　址 http://www.cumtp.com　**E-mail**:cumtpvip@cumtp.com
印　　刷 苏州市古得堡数码印刷有限公司
开　　本 787 mm×1092 mm　1/16　**印张** 6.5　**字数** 127 千字
版次印次 2023 年 8 月第 1 版　2023 年 8 月第 1 次印刷
定　　价 29.00 元

前　言

随着信息技术的发展，互连网络的重要性日益凸显。然而，互连网络的处理器以及某些处理器之间的连线发生故障是不可避免的。因此，关于互连网络的容错性和故障诊断成为目前研究关注的热点。因为网络的拓扑结构可以被模型化为图，所以图论就成为研究网络容错性和故障诊断的强有力的数学工具。本书主要收集了作者近些年所涉及的图的两个容错性参数，以及不同故障模型下图的诊断能力的关系。

本书内容分7章展开。

第1章首先综述了各研究问题的相关背景及主要结论。然后介绍了一些本书内容所涉概念和一些互连网络模型。

第2章主要研究了奇数阶 n 维环面网络的匹配排除问题。n 维环面网络有许多优良的性质，如较小的直径、点传递性。因此 n 维环面网络是一类重要的网络拓扑结构，可以用来设计大规模互连网络。Wang 等和 Cheng 等分别研究了偶数阶 n 维环面网络的匹配排除问题。本章首先确定了奇数阶2维环面网络的匹配排除数，并且证明了它不是超匹配的。其次，确定了奇数阶 $n(\geqslant 3)$ 维环面网络的匹配排除数，并刻画了其所有的最小匹配排除集。

第3章主要研究了奇数阶的 k 复合网络的强匹配排除问题。强匹配排除问题是匹配排除问题的一种推广，得到了许多学者的关注。本章首先证明了一类奇数阶 k 复合网络是超强匹配的，其次证明了奇数阶 $n(\geqslant 3)$ 维环面网络、奇数阶递归循环图、阿贝尔群上的极小凯莱图都是超强匹配的。

分数匹配排除问题也是匹配排除问题的一种推广。第4章首先引入图的条件分数匹配排除的概念。其次，确定了 n 维环面网络的匹配排除数，并且刻画了其所有的最小分数匹配排除集。最后，研究了 n 维环面网络的条件匹配排除数及所有的最小条件分数匹配排除集。

连通度是衡量网络容错性的一个经典参数。为了进一步研究，学者们提出了更具有深刻背景的 R^k-连通度概念。许多互连网络模型的 R^k-连通度已得到解决。从目前的研究成果来看，有关图的最小 R^k-点割的刻画研究较少。基于刻画图的所有最小 R^k-点割，第 5 章首先提出了超 R^k 连通的概念。其次，证明了轮生成的凯莱图是超 R^1 连通和超 R^2 连通的。

在互连网络中，随着处理器数目的增加，可能会有一些处理器发生故障。有效地定位故障处理器是至关重要的。因此对故障处理器的识别受到学者们的青睐。诊断度是互连网络能够诊断出的最大故障处理器的数目。PMC 模型和 MM^* 模型是两个常用的故障诊断模型。因为许多互连网络模型在 PMC 模型和 MM^* 模型下的 g 好邻诊断度都是通过逐个讨论所得的，所以互连网络在 PMC 模型和 MM^* 模型下的 g 好邻诊断度的关系是值得讨论的课题。第 6 章首先研究了一个图在 PMC 模型和 MM^* 模型下的 g 好邻诊断度相等的充分条件，并研究了 g 好邻诊断度和 R^g-连通度的关系。其次，确定了多个网络模型在 PMC 模型和 MM^* 模型下的 g 好邻诊断度。

研究和提升网络子结构的可靠性，保证网络在一定故障规模下仍然具有主要功能，提供一定有最低质量保证的网络服务，具有重要的理论意义和应用价值。第 7 章，我们从概率故障模型的方法得出了由完全图对换生成的凯莱图的子结构可靠性的上界和下界。

本书由胡晓敏负责整体写作，任翔宇负责修改、校对、排版等工作。本书在编写和出版过程中得到了领导和同事们的关心、支持和帮助，在此表示衷心的感谢。本书的部分研究工作得到了国家自然科学基金和山西省多个项目的支持。由于本书成稿仓促，难免会有纰漏，请读者海涵。

胡晓敏　任翔宇

2023 年 3 月于山西太原

目　录

第1章

绪　论

本章首先综述了本书的研究背景及主要结论，然后介绍了所涉及的一些基本概念和几类著名的互连网络模型。由于本书研究了互连网络的多个不同问题，所以我们将各问题的研究进展放在相应的章节中。

1.1　研究背景及本书研究内容

互连网络的处理器以及某些处理器之间的连线发生故障是不可避免的。随着处理器数目的增加，各处理器之间联系越来越紧密，互连网络的规模不断扩大，大的规模意味着互连网络中可能有更多的处理器和连线发生故障。所以，网络的容错性，即在故障发生的情况下，网络能否保持原有的良好性能，成为人们关注的焦点。通过故障处理器的识别，用无故障的处理器替代故障处理器，能实现网络重构、维护网络的正常运行。因此，关于处理器的故障诊断受到学者们的青睐。

图作为互连网络的天然模型，网络容错性相关问题的研究可以转换为图的容错性问题研究。匹配性和连通度等图论中的一些经典参数常被用来衡量网络的容错性。在某些特定的网络中，要求它的每个处理器在任何时刻都需被指定一个与其配对的处理器，这些处理器对之间相互协作，网络才能正常运行。基于上述情况，Brigham 等提出了匹配排除问题[1]，即至少需要多少条边发生故障，网络的匹配性不再保持。Wang 等证明了一类特殊的偶数阶 n 维环面网络是超匹配的[2]。随后，Cheng 等证明了所有偶数阶的 n 维环面网络都是超匹配的[3]。我们先证明了一类特殊的奇数阶 n 维环面网络是极大匹配的。随后，我们尝试考虑奇数阶 n 维环面网络的匹配排除问题。在第 2 章，我们先确定了奇数阶 2 维环面网络的匹配排除数，并证明了它不是超匹配的。其次，证明了奇数阶 n ($\geqslant 3$)维环面网络是超匹配的。由于网络中的处理器和处理器之间的连线发生故障都是随机的，二者很有可能同时发生故障，Park 等对匹配排除问题进行了进一步推广，提出了强匹配排除问题[4]。Wang 等证明了一类特殊的奇数阶 n 维环面网络是超强匹配的[5]。随后，其团队又研究了非二部的 2 维环面网络的强匹配排除问题[6-7]。我们证明了奇数阶 $n(\geqslant 3)$维环面网络是超强匹配的。由于 n 维环面网络是一类特殊的 k 复合网络，所以我们又研究了奇数阶的 k 复合网络的强匹配排除问题。在第 3 章，我们给出了 k 复合网络是超强匹配的充分条件，证明了三类著名的网络模型都是超强匹配的。分数匹配排除问题也是匹配排除问题的一种自然推广。由于一个点的所有邻点同时发生故障的概率较小，我们提出了图的条件分数匹配排除的概念。在第 4 章，我们研究了 $n(\geqslant 3)$维环面网络的条件分数匹配排除数和最小的条件分数匹配排除集。图的连通度问题的探究由来已久，尤其在 20 世纪信息时代到来与发展的过程中被多方面力量迅速推动。鉴于一个点的所有邻点同时发生故障的概率较小，Harary 提出了条件连通度的概念[8]。随后，R^k-连通度的概念得到广泛关注[9]。在这一研究领域，诸多华人学者做出了杰出成果，详细综述参见徐俊明教授著作[10]。许多特殊网络的 R^k-连通度问题，如对换生成的凯莱图的 R^1-连通度和 R^2-连通度已得到解决[11-16]。而关于图的最小 R^k-点割的刻画尚处于初始阶段。Tu 等确定了轮生成的凯莱图的 R^1-连通度和 R^2-连通度[11]。在第 5 章，我们刻画了轮生成的凯莱图的所有最小 R^1-点割和 R^2-点割。

在互连网络中，识别故障处理器的过程称为故障诊断。诊断度是指一个给定的互连网络能够诊断出的最大故障处理器的数目。它是互连网络故障诊断能力的体现，也是度量网络故障诊断能力的经典参数。鉴于一个点的所有邻点同时发生故障的概率较小，Lai 等在 2005 年提出条件诊断概念[17]，随后在 2012 年 Peng 等提出 g 好邻诊断概念[18]，2017 年 Zhang 等提出 g 额外诊断概念[19]。在不同的诊断模型下不同的网络模型会有不同的表现，多位学者考虑了经典网络模型在 PMC 模型和 MM^* 模型下的诊断度，以及基于条件诊断、g 好邻诊断、g 额外诊断策略下的诊断度，参见文献[20-25]。不难发现，一方面网络的诊断度和连通度之间有着固定的关系，另一方面不同的诊断模型下网络的诊断度也有着固定的关系，那么明晰它们之间的关系自然也是一个关注点。多位学者对该问题进行了深入的探讨[26-27]。第 6 章从不同的诊断模型下网络的诊断度联系入手，刻画了图在 PMC 模型和 MM* 模型下 g 好邻诊断度相等的充分条件，并探究了网络的 g 好邻诊断度与 R^g-连通度的关系。第 7 章，我们从概率故障模型的方法得出了由完全图对换生成的凯莱图的子结构可靠性的上界和下界。

1.2 图的基本概念与互连网络模型

1.2.1 图的一些基本概念与记号

定义 1.2.1.1 图 G 是指一个有序三元组$(V(G),E(G),\psi_G)$，一般简记为 $G=(V(G),E(G))$。其中 $V(G)$是非空顶点集(vertex set)，$E(G)$是边集(edge set)，ψ_G 是关联函数(incidence function)，$\psi_G \mapsto V(G)\times V(G)$，使 G 的每条边对应于 G 的无序顶点对。设 u 和 v 是 G 的两个顶点，e 是 G 的一条边，若 $\psi_G(e)=(u,v)$，称 u 和 v 相邻(adjacent)，u 和 v 是 e 的端点(end vertex)，e 与 u 和 v 相关联(incident)。G 的顶点数称为 G 的阶数(order)，记为$|G|$。

定义 1.2.1.2 若 $V(G)$可以划分为两个非空子集 V_1 和 V_2，使得 G 的每一条边都有一个端点在 V_1，另一个端点在 V_2 中，则称 G 是二部图(bipartite graph)，(V_1,V_2)是 G 的一个二部划分。对具有二部划分(V_1,V_2)的二部图 G，若$|V_1|=m$，$|V_2|=n$，并且 V_1 的每个顶点都与 V_2 的每个顶点相邻，则称 G 为完全二部图(complete bipartite graph)，记为 $K_{m,n}$。

定义 1.2.1.3 若图 G 中任意两点都相邻，则称 G 是完全图(complete graph)。用 K_n 表示 n 个顶点的完全图。

定义 1.2.1.4 设 $H=(V(H),E(H))$。如果 $V(H)\subseteq V(G)$，$E(H)\subseteq E(G)$，则称 H 是 G 的子图(subgraph)，或者是 $E(H)$在 G 中的导出子图。如果 $E(H)$恰包含 G 中两端点都在 $V(H)$中的所有边集，则称 H 是 G 的导出子图(induced subgraph)。

定义 1.2.1.5 设 S 是 $V(G)$的一个非空子集。顶点集为 S，边集由 G 的两个端点都在 S 中的一切边所组成，记这个图为 $G[S]$，称为 S 在 G 中的导出子图。

定义 1.2.1.6 图 G 中与顶点 u 相关联的边的数目，称为 u 的度数

(degree)，记为 $d_G(u)$。图 G 的最小度和最大度分别记为 $\delta(G)=\min\{d_G(u): u\in V(G)\}$ 和 $\Delta(G)=\max\{d_G(u): u\in V(G)\}$。如果 $\delta(G)=\Delta(G)=r$，称 G 是 r-正则的。

定义 1.2.1.7 图 G 中所有与 u 相关联的边的集合，记为 $I_G(u)$。图 G 中所有与 u 相邻的点构成的集合称为 u 的邻域，记为 $N_G(u)$。用 $N_G[u]$ 表示 $N_G(u)\cup\{u\}$。设 $S\subseteq V(G)$，记 $\bar{S}=V(G)-S$，$N_G(S)=\{v\in V(G)-S:(u,v)\in E(G), u\in S\}$ 和 $N_G[S]=N(S)\cup S$。

定义 1.2.1.8 设 $P=u_1e_1u_2e_2\cdots u_{n-1}e_{n-1}u_n$ 为图 G 中点和边交错出现的序列，一般简记为 $P=u_1u_2\cdots u_{n-1}u_n$。如果对于任意的 $i\in\{1,2,\cdots,n-1\}$，u_i 和 u_{i+1} 均相邻，并且 $u_1,u_2,\cdots,u_n$ 互不相同，则称 P 是 G 的一条路(path)。路 P 所含边的数目称为路的长度。如果路 P 中 u_1 和 u_n 也相邻，那么所形成的图是一个圈(cycle)。圈所含边的数目称为圈的长度。G 中最短圈的长度是 G 的围长(girth)，记为 $g(G)$。长度为 $n-1$ 的路(顶点数为 n)记为 P_n，长度为 n 的圈记为 C_n。

定义 1.2.1.9 如果 G 的一条路 P 包含 G 的所有顶点，则称 P 是 G 的一条哈密尔顿路(Hamiltonian path)。如果 G 中任意两点之间都存在一条哈密尔顿路，则称 G 是哈密尔顿连通的(Hamiltonian connected)。如果 G 的一个圈 C 包含 G 的所有顶点，则称 C 是 G 的一个哈密尔顿圈(Hamiltonian cycle)。如果 G 含有一个哈密尔顿圈，则称 G 是哈密尔顿的(Hamiltonian)。设 $F\subseteq V(G)\cup E(G)$ 且 $|F|\leqslant k$，如果 G-F 是哈密尔顿的，则称 G 是 k-哈密尔顿的(k-Hamiltonian)。

定义 1.2.1.10 如果 $S\subseteq V(G)$ 中任意两点均不相邻，则称 S 是 G 的一个独立集(independent set)。

定义 1.2.1.11 如果 $M\subseteq E(G)$ 中任意两条边都无公共端点，则称 M 是 G 的一个匹配(matching)。如果 $|G|=n$ 为偶数且 $|M|=\frac{n}{2}$，则称 M 是 G 的一个完美匹配(perfect matching)。如果 $|G|=n$ 为奇数且 $|M|=\frac{n-1}{2}$，则称 M 是 G 的一个几乎完美匹配(almost perfect matching)。若 G 含有一个完美匹配或者几乎完美匹配，则称 G 是可匹配的(matchable)。否则，称 G 是不可匹配的。

定义 1.2.1.12 如果存在两个一一映射 $\theta: V(G)\to V(H)$ 和 $\phi: E(G)\to E(H)$，使得 $\psi_G(e)=(u,v)$ 当且仅当 $\psi_H(\phi(e))=(\theta(u),\theta(v))$，则称图 G 和 H

是同构的(isomorphism)。

定义 1.2.1.13 给定两个简单图 G 和 H,称 $G\Box H$ 是 G 和 H 的笛卡尔积图(Cartesian product),其顶点集为 $\{gh:g\in V(G),h\in V(H)\}$,$G\Box H$ 中任意两个顶点 g_1h_1 和 g_2h_2 相邻当且仅当 $g_1=g_2$,$(h_1,h_2)\in E(H)$ 或者 $h_1=h_2$,$(g_1,g_2)\in E(G)$。

1.2.2 互连网络模型

***n* 维环面网络**:令 $k_1,k_2,\cdots,k_n$ 均为大于等于 3 的整数,且 $n\geqslant 2$。设对任意的 $i\in\{1,2,\cdots,n\}$,均有 $0\leqslant u_i\leqslant k_i-1$。$n$ 维环面网络,记为 $T(k_1,k_2,\cdots,k_n)$,其中任意一个顶点可标号为 $(u_1,u_2,\cdots,u_n)$。$T(k_1,k_2,\cdots,k_n)$ 中任意两点 $(u_1,u_2,\cdots,u_n)$ 和 $(v_1,v_2,\cdots,v_n)$ 相邻当且仅当存在一个整数 $j\in\{1,2,\cdots,n\}$ 使得 $u_j=v_j\pm\mathbf{1}(\mathrm{mod}\ k_j)$,且对任意的 $l\in\{1,2,\cdots,n\}\backslash\{j\}$ 有 $u_l=v_l$。特别地,若 $k_1=k_2=\cdots=k_n=k$,称 n 维环面网络是 k 元 n 方体,记为 Q_n^k。根据笛卡尔积图的定义,$T(k_1,k_2,\cdots,k_n)=C_{k_1}\Box C_{k_2}\Box\cdots\Box C_{k_n}$,$Q_n^k=\underbrace{C_k\Box\cdots\Box C_k}_{n}$。

***n* 维立方体**:n 维立方体,记为 Q_n,其中任意一个顶点可标号为 $(u_1,u_2,\cdots,u_n)$,且对任意的 $i\in\{1,2,\cdots,n\}$ 均有 $u_i\in\{0,1\}$。Q_n 中任意两点 $(u_1,u_2,\cdots,u_n)$ 和 $(v_1,v_2,\cdots,v_n)$ 相邻当且仅当存在整数 $j\in\{1,2,\cdots,n\}$ 使得 $v_j=1-u_j$,且对任意的 $l\in\{1,2,\cdots,n\}\backslash\{j\}$ 均有 $u_l=v_l$。

***k* 复合网络**:设 $G_1=(V_1,E_1),G_2=(V_2,E_2),\cdots,G_k=(V_k,E_k)$ 是 k 个图,$f_1:V_1\to V_2,f_2:V_2\to V_3,\cdots,f_{k-1}:V_{k-1}\to V_k,f_k:V_k\to V_1$ 是 k 个双射。我们把点集为 $\bigcup_{t=1}^k V(G_t)$,边集为 $\bigcup_{t=1}^k E(G_t)\cup\{(a_t,f_t(a_t)):a_t\in V(G_t),1\leqslant t\leqslant k\}$ 的图称为由 $G_1,G_2,\cdots,G_k$ 所诱导出的 k 复合网络。

凯莱图:设 S 是群 A 的一个不含单位元的子集。点集为 A,弧集为 $\{(x,x\cdot s)\mid x\in A,s\in S\}$ 的图称为有向凯莱图,记为 $\mathrm{Cay}(A,S)$。称 $(x,x\cdot s)$ 的标号为 s。如果 $S=S^{-1}$,则称 $\mathrm{Cay}(A,S)$ 为凯莱图。

递归循环图:设 $N=cd^k$ 且 $2\leqslant c\leqslant d$。我们把点集为 $\{0,1,\cdots,N-1\}$,边集为 $\{(p,q)\mid$ 存在 $i,0\leqslant i\leqslant\lceil\log_d N\rceil-1$,使得 $p=q\pm d^i(\mathrm{mod}\ N)\}$ 的图称为递归循环图。

对换生成的凯莱图:包含 n 个元 $\{1,2,\cdots,n\}$ 的全体置换构成的群称为 n 次对称群,用 $\mathrm{Sym}(n)$ 表示。令 T 是 $\mathrm{Sym}(n)$ 中一些对换所构成的集合。称 $G(T)$

是 Cay(Sym$T(n)$, T)的对换生成图，其点集为$\{1,2,\cdots,n\}$，i 和 j 在 $G(T)$中相邻当且仅当对换$(ij)\in T$。如果 $G(T)$是一棵树，Cay(Sym(n), T)为对换树生成的凯莱图，记作 $C\Gamma_n$。如果 $G(T)$是一颗星，$C\Gamma_n$ 是星图 S_n。如果 $G(T)$是一个完全图，Cay(Sym(n), T)记作 CK_n。如果 $G(T)$是一个单圈图，Cay(Sym(n), T)为单圈图生成的凯莱图，记作 UG_n。如果 $G(T)$是一个圈，UG_n 是修正排序图 MB_n。如果 $G(T)$是一个轮，即由一个点和一个$(n-1)$长圈的所有点都相连构成的图形，那么 Cay(Sym(n), T)为轮生成的凯莱图，记作 WG_n。如果 $E(G(T))=\{(1,i):2\leqslant i\leqslant n\}\cup\{(i,i+1):2\leqslant i\leqslant n-1\}$，称 Cay(Sym$(n)$, T)为泡沫排序星图，记为 BS_n。

交错群图：n 次对称群 Sym(n)中所有偶置换构成的集合称为交错群，用记号 A_n 表示。设 $\Omega=\{(123),(132)\}\cup\{(12)(3i):4\leqslant i\leqslant n\}$ 和 $\Omega'=\{(12i):3\leqslant i\leqslant n\}\cup\{(1i2):3\leqslant i\leqslant n\}$。我们把点集为 A_n，边集为$\{(u,v):u=vs,s\in\Omega\}$的图称为 A 类型交错群图，记为 AN_n。我们把点集为 A_n，边集为$\{(u',v'):u'=v's',s'\in\Omega'\}$的图称为 B 类型交错群图，记为 AG_n。

第 2 章

n 维环面网络的匹配排除

本章主要研究奇数阶 n 维环面网络的匹配排除问题。首先，证明了除 $C_3\square C_3$ 外的奇数阶 2 维环面网络是极大匹配的，但不是超匹配的。其次，确定了奇数阶 $n(\geqslant 3)$ 维环面网络的匹配排除数，并对其所有的最小匹配排除集进行了刻画。

2.1　匹配排除问题研究进展和本章主要结论

2005 年，Brigham 等提出了匹配排除问题[1]，并解决了 Petersen 图、完全图、完全二部图以及 n 维立方体的匹配排除问题。随后，偶数阶的网络模型的匹配排除问题得到了广泛关注[2-12]。Wang 等研究了偶数阶的 k 元 n 方体的匹配排除问题[2]。Cheng 等确定了对换生成的凯莱图[28]、正则图[29]、增广立方体[30]、交错群图[31]、(n,k)-泡沫排序图[32]、偶数阶 n 维环面网络[3]的匹配排除数，并刻画了其最小的匹配排除集。Hu 等研究了焦薄饼图的匹配排除问题[33]。Lü 等对平衡立方体的匹配排除问题进行了探究[34]。Li 等研究了连通立方体的匹配排除问题[35]，并且刻画了偶数阶点传递图是超匹配的充要条件[36]。然而，由于奇数阶图的匹配排除数上界较大，匹配排除集的刻画所需探讨的情形较多，所以有关奇数阶图的匹配排除问题鲜有提及。

由于偶数阶 n 维环面网络的匹配排除问题已得到解决[2-3]，自然地，我们将关注点落脚在奇数阶 n 维环面网络。设 $n(\geqslant 1)$ 为整数，$k(\geqslant 3)$ 为奇数，并且

$(n,k)\neq(2,3)$。首先，我们证明了一类特殊的奇数阶 n 维环面网络 $Q_N^k=\underbrace{C_k\square C_k\square\cdots\square C_k}_{n}$ 是极大匹配的，$C_3\square C_3$ 不是极大匹配的。随后我们对这一结果进行了推广，探究了奇数阶 n 维环面网络的匹配排除问题。本章的主要结论如下：

(1) 设 $k_1(\geqslant5)$，$k_2(\geqslant3)$ 均为奇数，则 $C_{k_1}\square C_{k_2}$ 是极大匹配的，但不是超匹配的。图 $C_3\square C_3$ 不是极大匹配的。

(2) 设 $k_1(\geqslant3)$，$k_2(\geqslant3)$，…，$k_n(\geqslant3)$ 均为奇数，$n(\geqslant3)$ 为整数，则 $C_{k_1}\square C_{k_2}\square\cdots\square C_{k_n}$ 是超匹配的。

2.2 准备工作

设 G 是一个简单连通图，F 是 G 的一个边子集。若 G-F 既不含完美匹配，也不含几乎完美匹配，则称 F 是 G 的匹配排除集。G 中含边数最少的匹配排除集称为 G 的最小匹配排除集。G 的最小匹配排除集的基数称为 G 的匹配排除数，记为 $\mathrm{mp}(G)$。如果图 G 既不含完美匹配，也不含几乎完美匹配，定义 $\mathrm{mp}(G)=0$。

显然，若一个偶数阶的图含有一个孤立点，或者一个奇数阶的图含有两个孤立点，那么这个图是不可匹配的。所以，某一个顶点的所有邻边构成偶数阶图的一个匹配排除集，某两个顶点的所有邻边构成奇数阶图的一个匹配排除集，并称这样的匹配排除集是平凡的。如果 G 的每一个最小的匹配排除集都是平凡的，则称 G 是超匹配的。很容易验证引理 2.2.1 和引理 2.2.1 成立。

引理 2.2.1[1] 设 G 是一个偶数阶的连通图，则 $\mathrm{mp}(G)\leqslant\delta(G)$。

定义 2.2.1 设 G 是一个偶数阶的连通图，如果 $\mathrm{mp}(G)=\delta(G)$，则称 G 是极大匹配的。

引理 2.2.2[37] 设 G 是一个奇数阶的连通图，则 $\mathrm{mp}(G)\leqslant\min\{d_G(u)+d_G(v)-yG(u,v)\}$，其中 $yG(u,v)=1$ 当且仅当 u 和 v 相邻，否则 $yG(u,v)=0$。

定义 2.2.2 设 G 是一个奇数阶的连通图，u 和 v 是 G 的任意两个顶点。令 $yG(u,v)=1$ 当且仅当 u 和 v 相邻，否则 $yG(u,v)=0$。如果 $\mathrm{mp}(G)=\min\{d_G(u)+d_G(v)-yG(u,v)\}$，则称 G 是极大匹配的。

根据极大匹配和超匹配的定义，若图 G 是超匹配的，则 G 也是极大匹配的。反之，未必成立。

设 $1\leqslant i,j\leqslant k$。如果 $i<j$，令 $[i,j]=\{l:i\leqslant l\leqslant j\}$。如果 $i>j$，令 $[i,j]=$

$\{l: i \leqslant l \leqslant k$ 或者 $1 \leqslant l \leqslant j\}$。根据笛卡尔积图和 k 复合网络的定义，$G \square C_k$ 是由 k 个同构于 G 的图所诱导出的 k 复合网络。不妨设这 k 个同构于 G 的图为 G_1，G_2，…，G_k。为简单起见，点 $v_i \in V(G_i)$ 在图 G_{i+1} 中的邻点记为 v_{i+1}，其中 $i \in [1, k-1]$。显然，点集 $\{v_1, v_2, \cdots, v_k\}$ 在 $G \square C_k$ 中的导出子图为一个 k 长圈。设 $F \subseteq E(G \square C_k)$ 是 $G \square C_k$ 的故障边集。令 $I_{G \square C_k}(u) = \{(u, v): v \in N_{G \square C_k}(u)\}$ 且 $F_{G \square C_k}(u) = I_{G \square C_k}(u) \cap F$，其中 $u \in V(G \square C_k)$。对于任意的 $i \in [1, k]$，令 $F_i = F \cap E(G_i)$ 表示 G_i 的故障边集。在故障边集 F 中但不在 F_i 的边记为 $F \backslash F_i$。$G[i, j]$ 表示点集 $\{a_l: a_l \in V(G_l), l \in [i, j]\}$ 在 $G \square C_k$ 的导出子图。连接 G_i 和 G_{i+1} 的边集构成 $G[i, i+1]$ 的一个完美匹配，记为 $M_{i,i+1}$，其中 $i \in [1, k-1]$。连接 G_k 和 G_1 的边集构成 $G[k, 1]$ 的一个完美匹配，记为 $M_{k,1}$（或者 $M_{k,k+1}$）。对任意的 $i \in [1, k-1]$，设 $F_{i,i+1}$ 为 $M_{i,i+1}$ 的故障边集，$F_{k,1}$ 为 $M_{k,1}$ 的故障边集。下面给出 $G \square C_k$ 的子图可匹配的充分条件。为了简单起见，我们用 $M(G)$ 表示 G 的一个完美匹配，$M'(G)$ 表示 G 的一个几乎完美匹配。

引理 2.2.3　设 G 是一个 r-正则的连通图且 G 是极大匹配的，其中 $|G|$ $(\geqslant r+3)$ 是奇数。令 $G' = G \square C_k$ 且 $F \subseteq E(G')$ 是 G' 的一个故障边集。

• 若满足下列条件之一：

(1) $F_{i,i+1} = \{(a_i, a_{i+1})\}$。另外，存在边 $(a_i, b_i) \notin F$ 且 $(a_{i+1}, b_{i+1}) \notin F$，其中 $b_i \in N_{G_i}(a_i)$。

(2) $|F_{i,i+1}| \leqslant 2$，$|F_i| = r-1$ 且 $|F_{i+1}| \leqslant r-2$，其中 $r \geqslant 4$。

那么 $G[i, i+1] - F$ 含有完美匹配。

• 设 $j-i$ 为奇数，若满足下列条件之一：

(3) 对任意的 $t \in [i, j-1]$ 均有 $|F_t| \leqslant r-2$ 且 $|F_{t,t+1}| < |G|$。另外，$|F_j| \leqslant r-2$。

(4) 对任意的 $t \in [0, \frac{j-i-1}{2}]$ 均有 $|F_{i+2t, i+2t+1}| \leqslant 2$ 且 $|F_{i+2t} \cup F_{i+2t+1}| < r$。

(5) $|E(G[i, j]) \cap F| \leqslant 4$ 且 $r \geqslant 4$。

那么 $G[i, j] - F$ 含有完美匹配。

• 若满足下列条件之一：

(6) $|F_i| \leqslant r-2$，$|F_{i+1, i+2}| = 1$ 且 $|F_{i,i+1} \cup F_{i+2}| \leqslant r$。

(7) $|F_{i+2}| \leqslant r-2$，$|F_{i,i+1}| = 1$ 且 $|F_i \cup F_{i+1,i+2}| \leqslant r$。

(8) $F_{i,i+1} = \{(a_i, a_{i+1}), (b_i, b_{i+1})\}$，$|F_{G_i}(a_i)| < r$ 以及 $|F_{i+1}| = 0$。另外，$(b_{i+1}, b_{i+2}) \notin F$ 且 $|F_{i+2}| \leqslant r-2$。

那么 $G[i, i+2] - F$ 含有几乎完美匹配。

• 设 $j-i$ 为偶数，若下列条件成立：

(9) $|E(G[i, j]) \cap F| \leqslant 3$。且对于任意的 $l \in [i, j]$，$G_l - F_l$ 均含有一个几

乎完美匹配 M_l。

那么 $G[i,j]-F$ 含有几乎完美匹配。

证明 (1) 显然，$M_{i,i+1}\cup\{(a_i,b_i),(a_{i+1},b_{i+1})\}\setminus\{(a_i,a_{i+1}),(b_i,b_{i+1})\}$ 是 $G[i,i+1]-F$ 的一个完美匹配。

(2) 因为 $|F_i|=r-1\geqslant 3$，所以 G_i 中至少存在 3 个点和 F_i 中的边相关联。不妨设 a_i,b_i 和 c_i 是 G_i 中与 F_i 中的边相关联的 3 个点。由于 $|F_{i,i+1}|\leqslant 2$，可以设 $(a_i,a_{i+1})\notin F$。因为 $|F_i|-|F_{G_i}(a_i)|\leqslant r-2$ 且 $\mathrm{mp}(G)=2r-1$，所以 $G_i-I_{G_i}(a_i)-F_i$ 和 $G_{i+1}-I_{G_{i+1}}(a_{i+1})-F_{i+1}$ 都含有几乎完美匹配，分别记为 M_i 和 M_{i+1}。因此，$M_i\cup M_{i+1}\cup(a_i,a_{i+1})$ 是 $G[i,i+1]-F$ 的一个完美匹配。

(3) 设 $(a_i,a_{i+1})\notin F$。因为 $\mathrm{mp}(G)=2r-1$ 且 G 是 r-正则的，所以 $G_i-I_{G_i}(a_i)-F_i$ 和 $G_{i+1}-I_{G_{i+1}}(a_{i+1})-F_{i+1}$ 都含有几乎完美匹配，分别记为 M_i 和 M_{i+1}。则 $M_i\cup M_{i+1}\cup(a_i,a_{i+1})$ 是 $G[i,i+1]-F$ 的一个完美匹配。类似地，我们可以证明 $G[i+2,i+3]-F,\cdots,G[j-1,j]-F$ 均含有完美匹配。所以，$G[i,j]-F$ 含有完美匹配。

(4) 如果 $|F_{i,i+1}|=0$，那么 $M_{i,i+1}$ 是 $G[i,i+1]-F$ 的一个完美匹配。如果 $|F_{i,i+1}|=1$，由引理 2.2.3(1) 可知 $G[i,i+1]-F$ 含有完美匹配。

如果 $|F_{i,i+1}|=2$，设 $F_{i,i+1}=\{(a_i,a_{i+1}),(b_i,b_{i+1})\}$ 且 $|F_{G_i}(a_i)|+|F_{G_{i+1}}(a_{i+1})|\geqslant|F_{G_i}(b_i)|+|F_{G_{i+1}}(b_{i+1})|$。因为 $|F_i\cup F_{i+1}|<r$，所以存在点 $c_i\in N_{G_i}(a_i)$ 满足 $(a_i,c_i)\notin F$ 且 $(a_{i+1},c_{i+1})\notin F$。若 $c_i=b_i$，则 $M_{i,i+1}\cup\{(a_i,b_i),(a_{i+1},b_{i+1})\}\setminus\{(a_i,a_{i+1}),(b_i,b_{i+1})\}$ 是 $G[i,i+1]-F$ 的一个完美匹配。若 $c_i\neq b_i$，由于 $|F_i\cup F_{i+1}|<r$，$|F_{G_i}(a_i)|+|F_{G_{i+1}}(a_{i+1})|\geqslant|F_{G_i}(b_i)|+|F_{G_{i+1}}(b_{i+1})|$ 且 G 不同构于 C_3，所以存在点 $d_i\in N_{G_i}(b_i)$ 满足 $(b_i,d_i)\notin F$，$(b_{i+1},d_{i+1})\notin F$ 以及 $d_i\neq c_i$，则 $M_{i,i+1}\cup\{(a_i,c_i),(a_{i+1},c_{i+1}),(b_i,d_i),(b_{i+1},d_{i+1})\}\setminus\{(a_i,a_{i+1}),(b_i,b_{i+1}),(c_i,c_{i+1}),(d_i,d_{i+1})\}$ 是 $G[i,i+1]-F$ 的一个完美匹配。

类似可证 $G[i+2,i+3]-F,\cdots,G[j-1,j]-F$ 都含有完美匹配。所以，$G[i,j]-F$ 含有完美匹配。

(5) 如果 $|F_{i,i+1}\cup\cdots\cup F_{j-1,j}|=0$，那么 $M_{i,i+1}\cup\cdots\cup M_{j-1,j}$ 是 $G[i,j]-F$ 的一个完美匹配。如果 $|F_{i,i+1}\cup\cdots\cup F_{j-1,j}|=1$，那么 $|\cup_{l=i}^{j}F_l|\leqslant 3<r$。根据引理 2.2.3(4)，$G[i,j]-F$ 含有完美匹配。如果 $|F_{i,i+1}\cup\cdots\cup F_{j-1,j}|\geqslant 2$，那么 $|\cup_{l=i}^{j}F_l|\leqslant 2\leqslant r-2$。由引理 2.2.3(3) 可知，$G[i,j]-F$ 含有完美匹配。

(6) 假设 $F_{i+1,i+2}=\{(a_{i+1},a_{i+2})\}$。设 M_i 是 $G_i-I_{G_i}(a_i)-F_i$ 的一个几乎完美匹配。若 $(a_i,a_{i+1})\notin F$，则 $M_i\cup M_{i+1,i+2}\cup(a_i,a_{i+1})\setminus(a_{i+1},a_{i+2})$ 是 $G[i,i+2]-F$ 的一个几乎完美匹配。若 $(a_i,a_{i+1})\in F$，则 $|F_{i+2}|+|F_{i,i+1}\setminus(a_i,$

$a_{i+1})|\leqslant r-1$。因为 G 是 r-正则的，所以存在点 $b_{i+2}\in N_{G_{i+2}}(a_{i+2})$满足$(a_{i+2},b_{i+2})\notin F$ 且$(b_i,b_{i+1})\notin F$。设 M_i'是 $G_i-I_{G_i}(b_i)-F_i$ 的一个几乎完美匹配。因此，$M_i'\cup M_{i+1,i+2}\cup\{(b_i,b_{i+1}),(a_{i+2},b_{i+2})\}\setminus\{(a_{i+1},a_{i+2}),(b_{i+1},b_{i+2})\}$是 $G[i,i+2]-F$ 的一个几乎完美匹配。类似的，我们可以证明引理 2.2.3(7)也是成立的。

(8) 令 M_{i+2}是 $G_{i+2}-I_{G_{i+2}}(b_{i+2})-F_{i+2}$的一个几乎完美匹配。设$(a_i,c_i)\notin F$，其中 $c_i\in N_{G_i}(a_i)$。若 $c_i=b_i$，则 $M_{i,i+1}\cup M_{i+2}\cup\{(a_i,b_i),(b_{i+1},b_{i+2})\}\setminus\{(a_i,a_{i+1}),(b_i,b_{i+1})\}$是 $G[i,i+2]-F$ 的一个几乎完美匹配。若 $c_i\neq b_i$，则 $M_{i,i+1}\cup M_{i+2}\cup\{(a_i,c_i),(a_{i+1},c_{i+1}),(b_{i+1},b_{i+2})\}\setminus\{(a_i,a_{i+1}),(b_i,b_{i+1}),(c_i,c_{i+1})\}$是 $G[i,i+2]-F$ 的一个几乎完美匹配。

(9) 如果$|F_{i,i+1}\cup\cdots\cup F_{j-2,j-1}|=0$ 或者$|F_{i+1,i+2}\cup\cdots\cup F_{j-1,j}|=0$，那么 $M_{i,i+1}\cup\cdots\cup M_{j-2,j-1}\cup M_j$ 或者 $M_i\cup M_{i+1,i+2}\cup\cdots\cup M_{j-1,j}$是$G[i,j]-F$ 的一个几乎完美匹配。如果$|F_{i,i+1}\cup\cdots\cup F_{j-2,j-1}|\geqslant 1$ 且$|F_{i+1,i+2}\cup\cdots\cup F_{j-1,j}|\geqslant 1$，那么$|\bigcup_{l=i}^{j}F_l|\leqslant 1$ 且$|F_{i,i+1}\cup\cdots\cup F_{j-2,j-1}|\leqslant 2$。由引理 2.2.3(4)可知，$G[i,j-1]-F$ 含有完美匹配。所以，$M(G[i,j-1]-F)\cup M_j$ 是$G[i,j]-F$ 的一个几乎完美匹配。

2.3　2 维环面网络的匹配排除数

本小节确定了奇数阶 2 维环面网络的匹配排除数，并且证明了奇数阶 2 维环面网络不是超匹配的。

引理 2.3.1　设 $t(\geqslant 3)$为奇数，则 $\mathrm{mp}(C_t)=3$。

引理 2.3.2　设 G 是一个 r-正则的连通图，其中 $r(\geqslant 2)$为偶数且$|G|(\geqslant r+3)$为奇数。令 $G':=G\square C_k$，其中 $k(\geqslant 5)$为奇数。若 G 是极大匹配的，则 G'也是极大匹配的。

证明　显然，$\mathrm{mp}(G)=2r-1$ 且 G'是$(r+2)$-正则的。由引理 2.2.1 可知 $\mathrm{mp}(G')\leqslant 2r+3$。设 $F\subseteq E(G')$是 G'的一个故障边集且$|F|=2r+2$。要得到引理结论，只需证明 $G'-F$ 是可匹配的。根据是否存在某个整数 $i\in[1,k]$使得 G_i-F_i 不可匹配，分下列两种情形讨论。

情形 1　存在某个整数 $i\in[1,k]$，使得 G_i-F_i 不可匹配。

因为 $\mathrm{mp}(G)=2r-1$ 且 $3(2r-1)>|F|$，所以存在某个整数 $t\in[1,k]$使得 G_t-F_t 含有几乎完美匹配 M_t。若$|\cdots\cup F_{t-2,t-1}\cup F_{t+1,t+2}\cup\cdots|=0$，则$\cdots\cup M_{t-2,t-1}\cup M_t\cup M_{t+1,t+2}\cup\cdots$是 $G'-F$ 的一个几乎完美匹配。若$|\cdots\cup F_{t-2,t-1}$

$\cup F_{t+1,t+2}\cup\cdots|\geqslant 1$，则$|\cup_{l=1}^{k}F_l|\leqslant 2r+1$。因为$2(2r-1)>2r+1$，所以只存在一个整数$i\in[1,k]$使得$G_i-F_i$不可匹配。不妨设$i=1$，即$|F_1|\geqslant 2r-1$。

如果$|F_{1,2}|=0$或者$|F_{k,1}|=0$，因为$|F\backslash F_1|\leqslant 3$，由引理2.2.3(4)可知$G[3,k]-F$和$G[2,k-1]-F$都含有几乎完美匹配。所以，$M_{1,2}\cup M'(G[3,k]-F)$或者$M_{k,1}\cup M'(G[2,k-1]-F)$是$G'-F$的一个几乎完美匹配。

如果$|F_{1,2}|\geqslant 1$且$|F_{k,1}|\geqslant 1$，由于$|F\backslash F_1|\leqslant 3$，可以设$|F_{1,2}|=1$。显然，$|F_k|\leqslant|F|-|F_1|-|F_{1,2}|-|F_{k,1}|\leqslant 1$。当$|F_k|=0$时，由引理2.2.3(6)可知$G[k,2]-F$含有几乎完美匹配。当$|F_k|=1$时，由引理2.2.3(7)可知$G[k,2]-F$含有几乎完美匹配。根据引理2.2.3(4)，$G[3,k-1]-F$含有完美匹配。所以，$G'-F$是可匹配的。

情形 2 对于任意的整数$i\in[1,k]$，G_i-F_i均含有几乎完美匹配M_i。

若对于任意的$i\in[1,k]$均有$|F_i|\leqslant r-2$，不失一般性，设$|F_{1,2}|=\max\{|F_{i,i+1}|:i\in[1,k-1]\}$。因为$2|G|>|F|$，所以$|F_{2t,2t+1}|<|G|$对任意的$t\in[1,\frac{k-1}{2}]$都成立。由引理2.2.3(3)可知$G[2,k]-F$含有完美匹配。因此，$M_1\cup M(G[2,k]-F)$是$G'-F$的一个几乎完美匹配。

若只存在一个整数$i\in[1,k]$使得$|F_i|\geqslant r-1$，且$|F_l|\leqslant r-2$对任意的$l\in[1,k]\backslash\{i\}$都成立，不妨设$i=1$，即$|F_1|\geqslant r-1$。如果对任意的$t\in[1,\frac{k-1}{2}]$均有$|F_{2t,2t+1}|<|G|$，通过类似上一段落的讨论，可知$G'-F$是可匹配的。如果存在某一个整数$t\in[1,\frac{k-1}{2}]$使得$|F_{2t,2t+1}|=|G|\geqslant r+3$，则$F=F_1\cup F_{2t,2t+1}$。因此，$(\cup_{s=0}^{\frac{k-3}{2}}M_{2s+1,2s+2}\cup M_k$是$G'-F$的一个几乎完美匹配。

若至少存在两个整数$i,j\in[1,k]$使得$|F_i|\geqslant r-1$且$|F_j|\geqslant r-1$，根据对称性，可以设$i=1$且j是偶数。如果$|\cup_{t=1}^{\frac{k-1}{2}}F_{2t,2t+1}|=0$或者$|\cup_{s=0}^{\frac{k-3}{2}}F_{2s+1,2s+2}|=0$，则$M_1\cup(\cup_{t=1}^{\frac{k-1}{2}}M_{2t,2t+1})$或者$|\cup_{s=0}^{\frac{k-3}{2}}M_{2s+1,2s+2}|\cup M_k$是$G'-F$的一个几乎完美匹配。如果$|\cup_{t=1}^{\frac{k-1}{2}}F_{2t,2t+1}|\geqslant 1$且$|\cup_{S=0}^{\frac{k-3}{2}}F_{2s+1,2s+2}|\geqslant 1$，则$2r-2\leqslant|F_1+|F_j||\leqslant 2r$。

情形 2.1 $|F_1|+|F_j|=2r$。

显然，$|F_{k,1}|=|\cup_{l=2}^{j-1}F_l|=|\cup_{l=j+1}^{k}F_l|=0$。由引理2.2.3(4)可得，$G[2,j-1]-F$和$G[j+1,k-1]-F$都含有完美匹配。因此，$M_{k,1}\cup M(G[2,j-1]-F)\cup M_j\cup M(G[j+1,k-1]-F)$是$G'-F$的一个几乎完美匹配。

情形 2.2 $|F_1|+|F_j|=2r-1$。

显然，$|F_{k,1}|\leqslant|F|-|F_1|-|F_j|-|\bigcup_{t=1}^{\frac{k-1}{2}}F_{2t,2t+1}|-|\bigcup_{s=0}^{\frac{k-3}{2}}F_{2s+1,2s+2}|\leqslant 1$。如果$|F_{k,1}|=0$，通过类似情形 2.1 的讨论，可以得到 $G'-F$ 是可匹配的。如果$|F_{k,1}|=1$，则$|\bigcup_{l=2}^{j-1}F_l|=|\bigcup_{l=j+1}^{k}F_l|=0$。当$|F_j|=r-1$ 时，由引理 2.2.3(4)可知 $G[2,k]-F$ 含有完美匹配。因此，$M_1\cup M(G[2,k]-F)$是 $G'-F$ 的一个几乎完美匹配。当$|F_1|=r_1$ 时，由引理 2.2.3(4)可知 $G[j+1,j-1]-F$ 含有完美匹配。因此，$M_j\cup M(G[j+1,j-1]-F)$是 $G'-F$ 的一个几乎完美匹配。

情形 2.3　$|F_1|+|F_j|=2r-2$。

显然，$|F_1|=|F_j|=r-1$，$|F|-|F_1|-|F_j|-|\bigcup_{t=1}^{\frac{k-1}{2}}F_{2t,2t+1}|-|\bigcup_{s=0}^{\frac{k-3}{2}}F_{2s+1,2s+2}|\leqslant 2$。

如果$|F_{k,1}|=2$，那么$|\bigcup_{l=2}^{j-1}F_l|=|\bigcup_{l=2}^{\frac{k-1}{2}}F_l|=0$。由引理 2.2.3(4)可知，$G[2,k]-F$ 含有完美匹配。因此，$M_1\cup M(G[2,k]-F)$是 $G'-F$ 的一个几乎完美匹配。

如果$|F_{k,1}|=1$ 且$|F_k|=0$，由引理 2.2.3(4)可得 $G[j+1,j-1]-F$ 含有完美匹配。因此，$M_j\cup M(G[j+1,j-1]-F)$是 $G'-F$ 的一个几乎完美匹配。如果$|F_{k,1}|=1$，$|F_k|=1$ 且 $j\geqslant 4$，由引理 2.2.3(4)可知 $G[1,k-1]-F$ 含有完美匹配。因此，$M(G[1,k-1]-F)\cup M_k$ 是$G'-F$ 的一个几乎完美匹配。如果$|F_{k,1}|=1$，$|F_k|=1$ 且 $j=2$，由引理 2.2.3(4)可知 $G[2,k]-F$ 含有完美匹配。因此，$M_1\cup M(G[2,k]-F)$是 $G'-F$ 的一个几乎完美匹配。

下面考虑$|F_{k,1}|=0$ 的情况。当$|\bigcup_{t=1}^{\frac{k-1}{2}}F_{2t,2t+1}|+|\bigcup_{s=0}^{\frac{k-3}{2}}F_{2s+1,2s+2}|=4$ 时，有$|\bigcup_{l=2}^{j-1}F_l|=|\bigcup_{l=j+1}^{k}F_l|=0$。根据引理 2.2.3(3)，$G[2,j-1]-F$ 和$G[j+1,k-1]-F$ 都含有完美匹配。当$|\bigcup_{t=1}^{\frac{k-1}{2}}F_{2t,2t+1}|+|\bigcup_{s=0}^{\frac{k-3}{2}}F_{2s+1,2s+2}|=3$ 时，有$|\bigcup_{l=}^{j-1}2F_l|+|\bigcup_{l=j+1}^{k-1}F_l|\leqslant 1$。由引理 2.2.3(4)可知，$G[2,j-1]-F$ 和 $G[j+1,k-1]-F$ 都含有完美匹配。因此，$M_{k,1}\cup M(G[2,j-1]-F)\cup M_j\cup M(G[j+1,k-1]-F)$是 $G'-F$ 的一个几乎完美匹配。当$|\bigcup_{t=1}^{\frac{k-1}{2}}F_{2t,2t+1}|+|\bigcup_{s=0}^{\frac{k-3}{2}}F_{2s+1,2s+2}|=2$ 时，可以设$(a_{2t},a_{2t+1})\in F$。若$|F_{1,2}\cup\cdots\cup F_{2t-1,2t}|=0$，则 $M_{1,2}\cup\cdots\cup M_{2t-1,2t}\cup M_{2t+1}\cup M_{2t+2,2t+3}\cup\cdots\cup M_{k-1,k}$ 是 $G'-F$ 的一个几乎完美匹配。若$|F_{1,2}\cup\cdots\cup F_{2t-1,2t}|=1$，则 $M_{k,1}\cup M_{2,3}\cup\cdots\cup M_{2t-2,2t-1}\cup M_{2t}\cup M_{2t+1,2t+2}\cup\cdots\cup M_{k-2,k-1}$ 是 $G'-F$ 的一个几乎完美匹配。

□

引理 2.3.3　设 G 是一个 r-正则的连通图，其中 $r(\geqslant 2)$为偶数且$|G|(\geqslant r+3)$为奇数，令 $G':=G\square C_3$，如果 G 是极大匹配的，那么 G'也是极大匹配的。

证明　显然，$\mathrm{mp}(G)=2r-1$ 且 G'是$(r+2)$-正则的。由引理 2.2.1，

$\text{mp}(G')\leqslant 2r+3$。设 $F\subseteq E(G')$ 是 G' 的一个故障边集且 $|F|=2r+2$。要得到引理结论，只需证明 $G'-F$ 是可匹配的。分下列两种情形讨论。

情形 1 存在某一个整数 $i\in[1,3]$，使得 G_i-F_i 是不可匹配的。

通过类似引理 2.3.2(情形 1)的讨论，可以得到 $G'-F$ 是可匹配的。

情形 2 对任意的整数 $i\in[1,3]$，G_i-F_i 均含有几乎完美匹配 M_i。

我们只考虑 $|F_1|\geqslant r-1$ 并且 $|F_2|\geqslant r-1$ 的情形，因为其他情形的证明类似引理 2.3.2(情形 2)。如果 $|F_{1,2}|=0$，或者 $|F_{2,3}|=0$，或者 $|F_{3,1}|=0$，那么 $M_{1,2}\cup M_3$，或者 $M_{2,3}\cup M_1$，或者 $M_{3,1}\cup M_2$ 是 $G'-F$ 的一个几乎完美匹配。如果 $|F_{1,2}|\geqslant 1$，$|F_{2,3}|\geqslant 1$ 且 $|F_{3,1}|\geqslant 1$，那么 $2r-2\leqslant|F_1|+|F_2|\leqslant 2r-1$。

情形 2.1 $|F_1|+|F_2|=2r-1$。

显然，$|F_{1,2}|=|F_{2,3}|=|F_{3,1}|=1$ 且 $|F_3|=0$。如果 $|F_1|=r-1$，由引理 2.2.3(7)可知 $G[1,3]-F$ 含有完美匹配。如果 $|F_2|=r-1$，由引理 2.2.3(6)可得 $G[3,2]-F$ 含有完美匹配。

情形 2.2 $|F_1|+|F_2|=2r-2$。

显然，$|F_1|=|F_2|=r-1$ 且 $|F_3|\leqslant|F|-|F_1|-|F_2|-|F_{1,2}|-|F_{2,3}|-|F_{3,1}|\leqslant 1$。

情形 2.2.1 $|F_3|=0$。

因为 $|F_{2,3}|\leqslant|F|-|F_1|-|F_2|-|F_{1,2}|-|F_{3,1}|\leqslant 2$，由引理 2.2.3(4)可知 $G[2,3]-F$ 含有完美匹配。因此，$M_1\cup M(G[2,3]-F)$ 是 $G'-F$ 的一个几乎完美匹配。

情形 2.2.2 $|F_3|=1$。

意味着 $|F_{1,2}|=|F_{2,3}|=|F_{3,1}|=1$。

当 $r=2$ 时，G 是阶数大于 4 的一个圈。如果存在某个整数 $i\in[1,3]$ 使得 $G[i,i+1]-F$ 含有完美匹配，则 $M(G[i,i+1]-F)\cup M_{i+2}$ 是 $G'-F$ 的一个几乎完美匹配。所以不妨假设对任意的 $i\in[1,3]$，$G[i,i+1]-F$ 均不可匹配。令 $(a_1,a_2)\in F$。根据引理 2.2.3(1)，可以设 $(a_1,c_1)\in F$ 且 $(a_2,b_2)\in F$，其中 $N_{G_1}(a_1)=\{b_1,c_1\}$。因为 $|F_2|=|F_3|=1$ 且 $G[2,3]-F$ 是不可匹配的，由引理 2.2.3(1)可知 $(a_2,a_3)\in F$ 或者 $(b_2,b_3)\in F$。若 $(a_2,a_3)\in F$，由引理 2.2.3(1)可知 $(a_3,c_3)\in F$(详见图 2.3.1)。根据引理 2.2.3(1)，$G[3,1]-F$ 含有完美匹配，从而产生矛盾。若 $(b_2,b_3)\in F$，由引理 2.2.3(1)可知 $(b_3,d_3)\in F$(详见图 2.3.2)。再根据引理 2.2.3(1)，$G[3,1]-F$ 含有完美匹配，产生矛盾。当 $r\geqslant 4$ 时，由引理 2.2.3(2)可知 $G[2,3]-F$ 含有完美匹配。因此，$M_1\cup M(G[2,3]-F)$ 是 $G'-F$ 的一个几乎完美匹配。

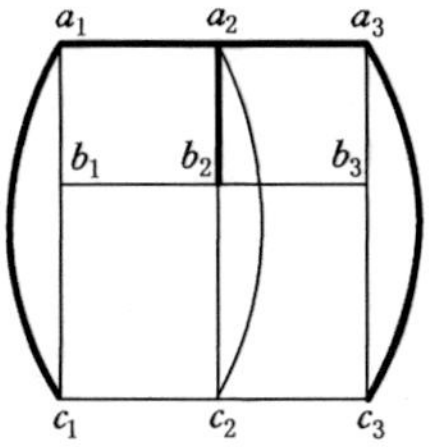

图 2.3.1　G'的一个子图(一)

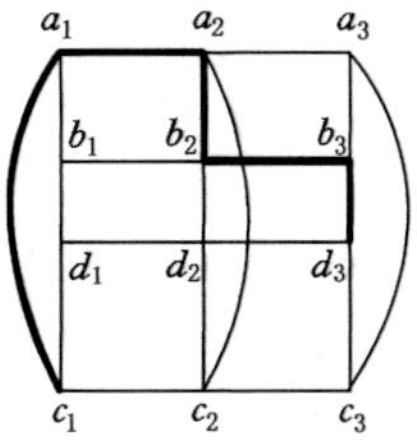

图 2.3.2　G'的一个子图(二)

□

引理 2.3.4[38]　设 $k_1(\geqslant 3)$,$k_2(\geqslant 3)$,…,$k_n(\geqslant 3)$均为整数,则 $C_{k_1}\square\cdots\square C_{k_n}$ 可分解为 n 个哈密尔顿圈。

引理 2.3.5　$\mathrm{mp}(C_3\square C_3)=6$。

证明　根据引理 2.3.4 和引理 2.3.1,$\mathrm{mp}(C_3\square C_3)\geqslant 6$。设 F 是图 2.3.3 中的加粗边集。根据点 a_3 是否被 $C_3\square C_3-F$ 的最大匹配所覆盖分情况讨论,可以得出 F 是 $C_3\square C_3$ 的一个匹配排除集。所以,$\mathrm{mp}(C_3\square C_3)=6$,意味着 $C_3\square C_3$ 不是极大匹配的。

□

现在,我们证明本小节主要结论。

定理 2.3.1　设 $k_1(\geqslant 5)$,$k_2(\geqslant 3)$均为奇数,则 $C_{k_1}\square C_{k_2}$ 是极大匹配的,但不是超匹配的。图 $C_3\square C_3$ 不是极大匹配的。

证明　结合引理 2.3.2,引理 2.3.3 和引理 2.3.1,可以得到 $C_{k_1}\square C_{k_2}$ 是极大匹配的。设 F 是图 2.3.4 中的加粗边集。根据 a_1 是否被 $C_{k1}\square C_3-F$ 的最大匹配所覆盖分情况讨论,可以得出 $C_{k1}\square C_3-F$ 的任意匹配至多覆盖$\{a_1,a_2,a_3,b_1,b_2,b_3\}$中的四个点。所以,$F$ 是 $C_{k1}\square C_{k2}$ 的一个非平凡的匹配排除集,即 $C_{k1}\square C_{k2}$ 不是超匹配的。由引理 2.3.5 可知 $C_3\square C_3$ 不是极大匹配的。此定理证明完毕。

□

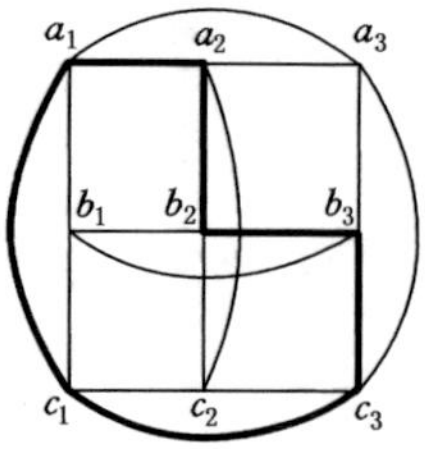

图 2.3.3 $C_3\square C_3$ 的一个子图

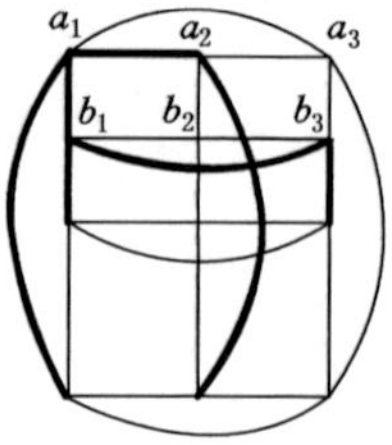

图 2.3.4 $C_{k_1}\square C_3$ 的一个子图

2.4 *n* 维环面网络的最小匹配排除集

本小节主要证明了奇数阶 n 维环面网络是超匹配的，其中 $n\geqslant 3$。

引理 2.4.1 设 G 是一个 r-正则的连通图，其中 $r(\geqslant 4)$ 为偶数且 $|G|(\geqslant r+5)$ 为奇数。令 $G':=G\square C_k$，其中 $k(\geqslant 5)$ 为奇数。如果 G 是极大匹配的，那么 G' 是超匹配的。

证明 因为 $\mathrm{mp}(G)=2r-1$，由引理 2.3.2 可知 $\mathrm{mp}(G')=2r+3$。设 $F\subseteq E(G')$ 是 G' 的一个故障边集且 $|F|=2r+3$。要证明引理结论成立，只需证明 $G'-F$ 是可匹配的，或者 F 是 G' 的一个平凡的匹配排除集。根据是否存在某一个整数 $i\in[1,k]$ 使得 G_i-F_i 不可匹配，我们分下面两种情形讨论。

情形 1 存在某一个整数 $i\in[1,k]$，使得 G_i-F_i 不可匹配。

因为 $\mathrm{mp}(G)=2r-1$ 且 $2(2r-1)>|F|$，故只存在一个整数 $i\in[1,k]$ 使得 G_i-F_i 是不可匹配的。不妨设 $i=1$，即 $|F_1|\geqslant 2r-1$。在情形 1 中，若没有特殊声明，对于任意的 $j\in[2,k]$，M_j 均表示 G_j-F_j 的一个几乎完美匹配。

因为 $|F\backslash F_1|\leqslant 4$，由引理 2.2.3(5) 可知 $G[3,k-1]-F$ 含有完美匹配。如果 $|F_{1,2}|=0$ 或者 $|F_{k,1}|=0$，那么 $M_{1,2}\cup M(G[3,k-1]-F)\cup M_k$ 或者 $M_{k,1}\cup M_2\cup M(G[3,k-1]-F)$ 是 $G'-F$ 的一个几乎完美匹配。下面考虑 $|F_{1,2}|\geqslant 1$ 且 $|F_{k,1}|\geqslant 1$ 的情况。当 $|F_{1,2}|=1$ 或者 $|F_{k,1}|=1$ 时，由引理 2.2.3(6) 或者引理 2.2.3(7) 可知 $G[k,2]-F$ 含有几乎完美匹配。因此，$M'(G[k,2]-F)\cup M(G[3,k-1]-F)$ 是 $G'-F$ 的一个几乎完美匹配。当 $|F_{1,2}|\geqslant 2$ 且 $|F_{k,1}|\geqslant 2$ 时，因为 $|F\backslash F_1|\leqslant 4$，所以 $|F_1|=2r-1$ 且 $|F_{1,2}|=|F_{k,1}|=2$。

不妨设 $F_{1,2}=\{(a_1,a_2),(b_1,b_2)\}$ 且 $F_{k,1}=\{(c_k,c_1),(d_k,d_1)\}$。若 a_1 或者 b_1 不是 G_1-F_1 的孤立点，根据引理 2.2.3(8) 可得 $G[1,3]-F$ 含有几乎完美匹配。因此，$M(G[1,3]-F)\cup M_{4,5}\cup\cdots\cup M_{k-1,k}$ 是 $G'-F$ 的一个几乎完美匹

配。类似上述讨论，可知若 c_1 或者 d_1 不是 G_1-F_1 的孤立点，则 $G'-F$ 是可匹配的。若 a_1,b_1,c_1 和 d_1 都是 G_1-F_1 的孤立点，因为 G_1 是 r-正则且 $|F_1|=2r-1$，所以 a_1 和 b_1 相邻，c_1 和 d_1 相邻，且 $F_1=IG_1(a_1)\cup IG_1(b_1)=IG_1(c_1)\cup IG_1(d_1)$。因此，$a_1=c_1,b_1=d_1$ 或者 $a_1=d_1,b_1=c_1$。这意味着 F 是 G' 的一个平凡的匹配排除集。

情形 2　对任意的整数 $i\in[1,k]$，G_i-F_i 均含有几乎完美匹配 M_i。

我们只讨论 $|F_1|\geqslant r_1$ 且 $|F_j|\geqslant r-1$ 的情况，因为其他情况可类似引理 2.3.2(情形 2)的证明。根据对称性，可设 j 是偶数。如果 $|\bigcup_{t=1}^{\frac{k-1}{2}}F_{2t,2t+1}|=0$ 或 $|\bigcup_{s=0}^{\frac{k-3}{2}}F_{2s+1,2s+2}|=0$，那么 $M_1\cup(\bigcup_{t=1}^{\frac{k-1}{2}}M_{2t,2t+1})$ 或者 $(\bigcup_{s=0}^{\frac{k-3}{2}}M_{2s+1,2s+2})\cup M_k$ 是 $G'-F$ 的一个几乎完美匹配。如果 $|\bigcup_{t=1}^{\frac{k-1}{2}}F_{2t,2t+1}|\geqslant 1$ 且 $|\bigcup_{s=0}^{\frac{k-3}{2}}F_{2s+1,2s+2}|\geqslant 1$，那么 $2r-2\leqslant|F_1|+|F_j|\leqslant 2r+1$。

情形 2.1　$|F_1|+|F_j|=2r+1$。

通过类似引理 2.3.2(情形 2.1)的讨论，可以证明 $G'-F$ 是可匹配的。

情形 2.2　$|F_1|+|F_j|=2r$。

因为 $|F|-|F_1|-|F_j|\leqslant 3$，由引理 2.2.3(5)可知 $G[2,j-1]-F$，$G[j+1,k-1]-F$，$G[j+2,k]-F$ 和 $G[3,j-2]-F$ 都含有完美匹配。

显然，$|F_{k,1}|\leqslant|F|-|F_1|-|F_j|-|\bigcup_{t=1}^{\frac{k-1}{2}}F_{2t,2t+1}|-|\bigcup_{s=0}^{\frac{k-3}{2}}F_{2s+1,2s+2}|\leqslant 1$。如果 $|F_{k,1}|=0$，那么 $M_{k,1}$ 是 $G[k,1]-F$ 的一个完美匹配。如果 $|F_{k,1}|=1$，那么 $|\bigcup_{t=1}^{\frac{k-1}{2}}F_{2t,2t+1}|=|\bigcup_{s=0}^{\frac{k-3}{2}}F_{2s+1,2s+2}|=1$ 且 $|\bigcup_{l=2}^{j-1}F_l|=|\bigcup_{l=j+1}^{k}F_l|=0$。设 $(a_k,a_1)\in F$ 并且 $(b_{2t},b_{2t+1})\in F$。当 $|F_{G_1}(a_1)|<r$ 时，由引理 2.2.3(1)可知 $G[k,1]-F$ 含有完美匹配。因此，$M(G[k,1]-F)\cup M(G[2,j-1]-F)\cup M_j\cup M(G[j+1,k-1]-F)$ 是 $G'-F$ 的一个几乎完美匹配。当 $|F_{G_1}(a_1)|=r$ 时，有 $|F_1|\geqslant r$ 且 $|F_j|\leqslant r$。若 $G[j,j+1]-F$ 含有完美匹配，则 $M_1\cup M(G[2,j-1]-F)\cup M(G[j,j+1]-F)\cup M(G[j+2,k]-F)$ 是 $G'-F$ 的一个几乎完美匹配。若 $G[j,j+1]-F$ 不含完美匹配，由引理 2.2.3(1)可知 $(b_j,b_{j+1})\in F$ 并且 $|F_{G_j}(b_j)|=r$。所以，$F_1=I_{G_1}(a_1)$ 并且 $F_j=I_{G_j}(b_j)$。

情形 2.2.1　$j=2$。

如果 $(a_1,a_2)\notin F$，设 M_k' 是 $G_k-I_{G_k}(c_k)$ 的一个几乎完美匹配，其中 $c_k\neq a_k$，$(c_1,c_2)\in F$ 当且仅当 $|F_{1,2}|=1$，则 $M_{1,2}\cup M_k'\cup(c_k,c_1)\setminus(c_1,c_2)$ 是 $G[k,2]-F$ 的一个几乎完美匹配，因此，$M'(G[k,2]-F)\cup M(G[3,k-1]-F)$ 是 $G'-F$ 的一个几乎完美匹配。如果 $(a_1,a_2)\in F$ 并且 $a_2\neq b_2$，设 M_3' 是 $G_3-I_{G_3}(a_3)$ 的一个几乎完美匹配，则 $M_{1,2}\cup M_3'\cup(a_2,a_3)\setminus(a_1,a_2)$ 是 $G[1,3]-F$ 的一个几乎完美匹配。因此，$M'(G[1,3]-F)\cup M(G[4,k]-F)$ 是 $G'-F$ 的一

个几乎完美匹配。如果$(a_1,a_2)\in F$并且$a_2=b_2$，那么F是G'的一个平凡的匹配排除集。

情形 2.2.2 $j\geqslant 4$。

因为$|\bigcup_{s=0}^{\frac{k-3}{2}}F_{2s+1,2s+2}|=1$，所以$|F_{1,2}|=0$或者$|F_{j-1,j}|=0$。当$|F_{1,2}|=0$时，由引理 2.2.3(6)可得$G[j-1,j+1]-F$含有几乎完美匹配。所以，$M_{1,2}\cup M(G[3,j-2]-F)\cup M'(G[j-1,j+1]-F)\cup M(G[j+2,k]-F)$是$G'-F$的一个几乎完美匹配。当$|F_{j-1,j}|=0$时，由引理 2.2.3(7)可得$G[k,2]-F$含有几乎完美匹配。所以，$M_{j-1,j}\cup M(G[j+1,k-1]-F)\cup M'(G[k,2]-F)\cup M(G[3,j-2]-F)$是$G'-F$的一个几乎完美匹配。

情形 2.3 $|F_1|+|F_j|=2r-1$。

因为$|F|-|F_1|-|F_j|=4$，由引理 2.2.3(5)可知$G[2,j-1]-F$，$G[j+1,k-1]-F$和$G[j+2,k]-F$都含有完美匹配。如果$|F_1|=r-1$，因为$|F|-|F_1|-|F_j|-|\bigcup_{t=1}^{\frac{k-1}{2}}F_{2t,2t+1}|-|\bigcup_{s=0}^{\frac{k-3}{2}}F_{2s+1,2s+2}|\leqslant 2$，由引理 2.2.3(2)可知$G[k,1]-F$含有完美匹配。因此，$M(G[k,1]-F)\cup M(G[2,j-1]-F)\cup M_j\cup M(G[j+1,k-1]-F)$是$G'-F$的一个几乎完美匹配。

下面考虑$|F_j|=r-1$的情形。当$|F_{k,1}|=0$时，类似上述讨论，可以得出$G'-F$是可匹配的。当$|F_{k,1}|\geqslant 1$时，有$|F|-|F_1|-|F_j|-|F_{k,1}|-|\bigcup_{s=1}^{\frac{k-3}{2}}F_{2s+1,2s+2}|\leqslant 2$，根据引理 2.2.3(2)，$G[j,j+1]-F$含有完美匹配。因此，$M_1\cup M(G[2,j-1]-F)\cup M(G[j,j+1]-F)\cup M(G[j+2,k]-F)$是$G'-F$的一个几乎完美匹配。

情形 2.4 $|F_1|+|F_j|=2r-2$。

显然，$|F_1|=|F_j|=r-1$。因为$|F|-|F_1|-|F_j|-|\bigcup_{t=1}^{\frac{k-1}{2}}F_{2t,2t+1}|\leqslant 4$，由引理 2.2.3(5)可知$G[j+1,k-1]-F$含有完美匹配。类似可证$G[2,j-1]-F$含有完美匹配。如果$|F_{k,1}|=0$，那么$M_{k,1}$是$G[k,1]-F$的一个完美匹配。如果$1\leqslant|F_{k,1}|\leqslant 2$，由引理 2.2.3(2)可知$G[k,1]-F$含有完美匹配。所以，$M(G[k,1]-F)\cup M(G[2,j-1]-F)\cup M_j\cup M(G[j+1,k-1]-F)$是$G'-F$的一个几乎完美匹配。如果$|F_{k,1}|\geqslant 3$，那么$|\bigcup_{t=1}^{\frac{k-1}{2}}F_{2t,2t+1}|=1$且$|\bigcup_{l=2}^{k}F_l|=|F_j|=r-1$。根据引理 2.2.3(4)，$G[2,k]-F$含有完美匹配。所以，$M_1\cup M(G[2,k]-F)$是$G'-F$的一个几乎完美匹配。

□

引理 2.4.2 设G是一个r-正则的连通图，其中$r(\geqslant 4)$为偶数且$|G|(\geqslant r+5)$为奇数。令$G':=G\square C_3$。如果G是极大匹配的，那么G'是超匹配的。

证明　因为 $mp(G)=2r-1$，由引理 2.3.3 可知 $mp(G')=2r+3$。设 $F\subseteq E(G')$ 是 G' 的一个故障边集且 $|F|=2r+3$。要得到引理结论，只需证 $G'-F$ 是可匹配的，或者 F 是 G' 的一个平凡的匹配排除集。

情形 1　存在某一个整数 $i\in[1,3]$，使得 G_i-F_i 是不可匹配的。

情形 1 的证明类似引理 2.4.1(情形 1)，我们不再详细叙述。

情形 2　对任意的整数 $i\in[1,3]$，G_i-F_i 均含有几乎完美匹配 M_i。

我们只讨论 $|F_1|\geqslant r-1$ 且 $|F_2|\geqslant r-1$ 的情况，因为其他情况的证明类似引理 2.4.1(情形 2)。如果 $|F_{1,2}|=0$，或者 $|F_{2,3}|=0$，或者 $|F_{3,1}|=0$，那么 $M_{1,2}\cup M_3$，或者 $M_{2,3}\cup M_1$，或者 $M_{3,1}\cup M_2$ 是 $G'-F$ 的几乎完美匹配。如果 $|F_{1,2}|\geqslant 1$，$|F_{2,3}|\geqslant 1$ 并且 $|F_{3,1}|\geqslant 1$，那么 $2r-2\leqslant|F_1|+|F_2|\leqslant 2r$。

情形 2.1　$|F_1|+|F_2|=2r$。

显然，$|F_{1,2}|=|F_{2,3}|=|F_{3,1}|=1$，令 $F_{1,2}=\{(a_1,a_2)\}$。设 M_3' 是 $G_3-I_{G_3}(a_3)$ 的一个几乎完美匹配。如果 $(a_2,a_3)\notin F$ 或者 $(a_3,a_1)\notin F$，那么 $M_{1,2}\cup M_3'\cup(a_2,a_3)\setminus(a_1,a_2)$ 或者 $M_{1,2}\cup M_3'\cup(a_3,a_1)\setminus(a_1,a_2)$ 是 $G'-F$ 的一个几乎完美匹配。下面考虑 $(a_2,a_3)\in F$ 且 $(a_3,a_1)\in F$ 的情况。当 $|F_{G_2}(a_2)|<r$ 时，有存在点 $b_2\in N_{G_2}(a_2)$ 满足 $(a_2,b_2)\notin F$。因此，$M_1\cup M_{2,3}\cup\{(a_2,b_2),(a_3,b_3)\}\setminus\{(a_2,a_3),(b_2,b_3)\}$ 是 $G'-F$ 的一个几乎完美匹配。类似上述讨论，可以得出当 $|F_{G_1}(a_1)|<r$ 时，$G'-F$ 也是可匹配的。当 $|F_{G_1}(a_1)|=|F_{G_2}(a_2)|=r$ 时，有 F 是 G' 的一个平凡的匹配排除集。

情形 2.2　$|F_1|+|F_2|=2r-1$。

设 $|F_2|=r-1$。因为 $|F|-|F_1|-|F_2|-|F_{1,2}|-|F_{3,1}|\leqslant 2$，由引理 2.2.3(2) 可知 $G[2,3]-F$ 含有完美匹配。所以，$M_1\cup M(G[2,3]-F)$ 是 $G'-F$ 的一个几乎完美匹配。

情形 2.3　$|F_1|+|F_2|=2r-2$。

显然，$|F_1|=|F_2|=r_1$，并且 $|F_3|\leqslant|F|-|F_1|-|F_2|-|F_{1,2}|-|F_{2,3}|-|F_{3,1}|\leqslant 2$。因为 $|F|-|F_1|-|F_2|-|F_{1,2}|\leqslant 4$，所以 $|F_{2,3}|\leqslant 2$ 或者 $|F_{3,1}|\leqslant 2$。不妨设 $|F_{2,3}|\leqslant 2$。由引理 2.2.3(2) 可得，$G[2,3]-F$ 含有完美匹配。所以，$M_1\cup M(G[2,3]-F)$ 是 $G'-F$ 的一个几乎完美匹配。

□

引理 2.4.3[39]　设 $n(\geqslant 2)$ 为整数，$k(\geqslant 3)$ 为奇数。则 $\underbrace{C_k\Box\cdots\Box C_k}_{n}$ 是 $(2n-2)$-哈密尔顿的。

推论 2.4.1 如果 F 是 $C_3\Box C_3$ 的一个匹配排除集，并且 $C_3\Box C_3-F$ 含有孤立点，那么 $|F|\geqslant 7$。

证明 设 a 是 $C_3\Box C_3-F$ 的一个孤立点，则 $I_{C_3\Box C_3}(a)\subseteq F$。假设 $|F|\leqslant 6$。因为 $C_3\Box C_3$ 是 2-哈密尔顿的，所以对于任意两条边 $e_1,e_2\in E(C_3\Box C_3)$，$C_3\Box C_3-a-\{e_1,e_2\}$ 均含有一条偶数阶的哈密尔顿路。即 $C_3\Box C_3-I_{C_3\Box C_3}(a)-\{e_1,e_2\}$ 含有几乎完美匹配。这与 F 是 $C_3\Box C_3$ 匹配排除集矛盾，所以 $|F|\geqslant 7$。

□

注意到在引理 2.2.3(2)，(6)，(7)和(8)的证明过程中，我们总是删去某些点的所有邻边，所以存在孤立点。根据推论 2.4.1，即使 $C_3\Box C_3$ 不是极大匹配的，引理 2.2.3(2)，(6)，(7)和(8)对于 $G=C_3\Box C_3$ 时依旧成立。

引理 2.4.4 图 $C_3\Box C_3\Box C_3$ 是超匹配的。

证明 设 $G=C_3\Box C_3$，$G'=G\Box C_3$。由引理 2.2.2 可知，$\mathrm{mp}(G')\leqslant 11$。设 $F\subseteq E(G')$ 是 G' 的一个故障边集且 $|F|\leqslant 11$。要得出引理结论，只需证明 $G'-F$ 是可匹配的，或者 F 是 G' 的一个平凡的匹配排除集。根据是否存在某个整数 $i\in[1,3]$ 使得 G_i-F_i 不可匹配，分下面两种情况讨论。

情形 1 存在某个整数 $i\in[1,3]$，使得 G_i-F_i 是不可匹配的。

因为 $\mathrm{mp}(G)=6$ 且 $2\times 6>|F|$，所以只存在一个整数 $i\in[1,3]$ 使得 G_i-F_i 是不可匹配的。令 $i=1$，即 $|F_1|\geqslant 6$。对任意的 $j\in[2,3]$，令 M_j 是 G_j-F_j 的一个几乎完美匹配。如果 $|F_{1,2}|=0$ 或者 $|F_{3,1}|=0$，那么 $M_{1,2}\cup M_3$ 或者 $M_{3,1}\cup M_2$ 是 $G'-F$ 的几乎完美匹配。下面，我们讨论 $|F_{1,2}|\geqslant 1$ 并且 $|F_{3,1}|\geqslant 1$ 的情形。

当 $|F_{1,2}|=1$ 且 $|F_3|\leqslant 2$ 时，由引理 2.2.3(6)可知 $G[3,2]-F$ 含有几乎完美匹配。当 $|F_{1,2}|=1$ 且 $|F_3|\geqslant 3$ 时，有 $|F_2|=0$，$|F_3|=3$ 以及 $|F_{1,2}|=|F_{3,1}|=1$。根据引理 2.2.3(7)，$G[3,2]-F$ 是可匹配的。类似上述讨论，可以证明当 $|F_{3,1}|=1$ 时，$G'-F$ 是可匹配的。

当 $|F_{1,2}|\geqslant 2$ 且 $|F_{3,1}|\geqslant 2$ 时，因为 $|F\setminus F_1|\leqslant 5$，可以设 $F_{1,2}=\{(a_1,a_2),(b_1,b_2)\}$。显然，$|F|-|F_1|-|F_{1,2}|-|F_{3,1}|\leqslant 1$。如果 $|F_2|=|F_{2,3}|=0$ 且 a_1 或者 b_1 不是 G_1-F_1 的孤立点，由引理 2.2.3(8)可知 $G'-F$ 是可匹配的。如果 $|F_2|=|F_{2,3}|=0$ 且 a_1 和 b_1 都是 G_1-F_1 的孤立点，因为 $|F|-|F_{1,2}|-|F_{3,1}|\leqslant 7$ 以及 G 是 4-正则的，所以 a_1 和 b_1 相邻且 $F_1=I_{G_1}(a_1)\cup IG_1(b_1)$。另外，$|F_{3,1}|=2$。不妨设 $F_{3,1}=\{(c_3,c_1),(d_3,d_1)\}$。类似上述讨论可证，若 c_1 或 d_1 不是 G_1-F_1 的孤立点，则 $G'-F$ 是可匹配的。若 c_1 和 d_1 都是 G_1-F_1 的孤立点，则 $F_1=I_{G_1}(c_1)\cup I_{G_1}(d_1)$。即 $c_1=a_1,d_1=b_1$，或者 $c_1=b_1,d_1=a_1$。这意味着 F 是 G' 一个平凡的匹配排除集。如果 $|F_2|=1$，那么 $|F_3|=|F_{2,3}|=0$

且$|F_1|=6$。由推论 2.4.1 可知，G_1-F_1 不含孤立点。根据引理 2.2.3(3)，$G'-F$ 是可匹配的。如果$|F_{2,3}|=1$，那么$(a_2,a_3)\notin F$ 或者$(b_2,b_3)\notin F$，不妨设$(b_2,b_3)\notin F$。另外，$|F_2|=0$ 且$|F_1|=6$。由推论 2.4.1，a_1 不是 G_1-F_1 的孤立点。根据引理 2.2.3(3)，$G'-F$ 是可匹配的。

情形 2　对于任意的整数 $i\in[1,3]$，G_i-F_i 均含有几乎完美匹配 M_i。

这种情形的证明类似引理 2.4.2(情形 2)，我们不再详细叙述。

□

下面，证明本小节主要结论。

定理 2.4.1　设 $k_1(\geqslant 3),k_2(\geqslant 3),\cdots,k_n(\geqslant 3)$均为奇数，且 $n(\geqslant 3)$为整数。则 $C_{k1}\square C_{k2}\square\cdots\square C_{kn}$ 是超匹配的。

证明　设对于任意的 $i\in[1,n]$，$t_i(\geqslant 5)$均为奇数。结合定理 2.3.1，引理 2.4.4和引理 2.4.1，引理 2.4.2，可以得出 $C_{t_1}\square C_{t_2}\square\cdots\square C_{t_n}$，$C_{t_1}\square\cdots\square C_{t_i}\square\underbrace{C_3\square\cdots C_3}_{\geqslant 1}(i\geqslant 2)$，$C_{t_1}\square\underbrace{C_3\square\cdots\square C_3}_{\geqslant 2}$和$\underbrace{C_3\square C_3\square\cdots\square C_3}_{\geqslant 3}$都是超匹配的。即 $C_{k_1}\square C_{k_2}\square\cdots\square C_{k_n}$ 是超匹配的。

□

第3章

k 复合网络的强匹配排除

本章对一类奇数阶 k 复合网络的强匹配排除问题进行研究。首先证明了一类奇数阶 k 复合网络是超强匹配的。其次,通过应用定理 3.3.1,证明了三类著名的互连网络模型都是超强匹配的。

3.1 强匹配排除问题研究进展和本章主要结论

Brigham 等研究了边发生故障的情形下,图的最大匹配能否保持,提出了匹配排除问题[1]。事实上,图中的点和(或)边都有可能发生故障。基于这一考虑,Park 等对匹配排除问题进行了推广,提出了强匹配排除的概念[4]。由于强匹配排除问题更贴近实际情况,受到广大学者的关注。Park 等考虑了 Petersen 图、完全图、二部正则图、限制性类似立方体和递归循环图 $G(2^m,4)$ 的强匹配排除问题。Cheng 等研究了增广立方体[40]、(n,k)-星图[41]、交错群图和分离星图[42]的强匹配排除数,并且刻画其最小的强匹配排除集。

在文献[5]中,Wang 等证明了一类特殊的 n 维环面网络 Q_n^k 是超强匹配的,其中 $n(\geqslant 2)$ 为整数且 $k(\geqslant 3)$ 为奇数。自然地,n 维环面网络的强匹配排除问题有待解决。Wang 及其团队先后考虑了奇数阶 2 维环面网络[5]和偶数阶非二部的 2 维环面网络的强匹配排除问题[6]。我们首先研究了奇数阶 n 维环面网络的强匹配排除问题,其中 $n\geqslant 3$。证明了奇数阶 n 维环面网络是超强匹配的。随后,Feng[7]证明了偶数阶非二部的 n 维环面网络是超强匹配的。由于 n 维环面网络是 k 复合网络的一种特殊情形,所以我们又考虑了奇数阶

k 复合网络的强匹配排除问题。本章主要证明了一类特殊的奇数阶 k 复合网络是超强匹配的。

3.2　准备工作

设 G 是一个简单连通图且 $F\subseteq V(G)\cup E(G)$。若 $G-F$ 既不含完美匹配，也不含几乎完美匹配,则称 F 是 G 的强匹配排除集。G 中含元素最少的强匹配排除集称为 G 的最小强匹配排除集。G 的最小强匹配排除集的基数称为 G 的强匹配排除数,记为 $\mathrm{smp}(G)$。如果图 G 既不含完美匹配,也不含几乎完美匹配,定义 $\mathrm{smp}(G)=0$。

根据匹配排除和强匹配排除的定义,一个图的匹配排除集也是该图的一个强匹配排除集。类似偶数阶图的平凡匹配排除集的构造方法,如果图中一些点和(或)边发生故障使得该图恰好出现一个孤立点且无故障的点数为偶数,那么这些故障点和(或)故障边构成了原图的一个强匹配排除集。很容易验证引理3.2.1和引理 3.2.2 成立。

引理 3.2.1　设 G 是一个简单连通图,u 是 G 的任意一个顶点。令 $X(u)\subseteq N_G(u)$且 $Y(u)\subseteq I_G(u)$。若 $X(u)$和 $Y(u)$满足:(1) 对于任意的 $v\in N_G(u)$,$v\in X(u)$当且仅当$(u,v)\notin Y(u)$;(2)图 $G\setminus(X(u)\cup Y(u))$是偶数阶的,则 $X(u)\cup Y(u)$是 G 的一个强匹配排除集。

定义 3.2.1　按照引理 3.2.1 构造的强匹配排除集称为平凡的强匹配排除集。如果图 G 的每一个最小的强匹配排除集都是平凡的,则称 G 是超强匹配的。

引理 3.2.2　设 G 是一个简单连通图,则 $\mathrm{smp}(G)\leqslant\delta(G)$。

定义 3.2.2　设 G 是一个简单连通图。如果 $\mathrm{smp}(G)=\delta(G)$,则称 G 是极大强匹配的。

显然,若一个图是超强匹配的,那么它一定是极大强匹配的。反之,未必成立。

注意在本章内容中,若无特殊声明,图 G 故障集 $F\subseteq V(G)\cup E(G)$。而第 2 章所涉及的故障集仅包含故障边。设 G 是由 $G_1,G_2,\cdots,G_k$ 所诱导出的 k 复合网络。为简单起见,点 $a_i\in V(G_i)$在 G_{i+1}中的邻点记为 a_{i+1},其中 $1\leqslant i\leqslant k-1$。点 $a_k\in V(G_k)$在图 G_1 中的邻点记为 a_1^c,点 a_1^c 在图 G_2 中的邻点记为 a_2^c,点 $a_1\in V(G_1)$在图 G_k 中的邻点记为 $\bar{a}_k$。注意 $a_1,a_2,\cdots,a_k$ 在 G 中的导出子图未必是圈,且 a_1 与 a_1^c 未必相同,a_k 与 $\bar{a}_k$ 也未必相同。设 $1\leqslant i,j\leqslant k$。如果 $i<j$,令

$[i,j]=\{l: i\leqslant l\leqslant j\}$。如果 $i>j$，令$[i,j]=\{l: i\leqslant l\leqslant k$ 或 $1\leqslant l\leqslant j\}$。设 $F\subseteq E(G)\cup V(G)$和 $F'\subseteq V(G)$分别是 G 的故障集和故障点集。对于任意的 $t\in[1,k]$，令 $F_t=F\cap\{V(G_t)\cup E(G_t)\}$，$F_t{}'=F'\cap V(G_t)$，$F\backslash F_t$ 表示在 F 中但不在 F_t 中的故障集。点集$\{a_l: a_l\in V(G_l), l\in[i,j]\}$在 G 中的导出子图记为$G[i,j]$。令 $M_{i,i+1}=\{(a_i,a_{i+1}): a_i\in V(G_i)\}$，其中 $i\in[1,k-1]$。令 $M_{k,1}$(或 $M_{k,k+1}$)$=\{(a_k,a_1^c): a_k\in V(G_k)\}$。显然，对任意的 $t\in[1,k]$，$M_{t,t+1}$ 是 $G[t,t+1]$的一个完美匹配。设 $F_{t,t+1}$ 为 $M_{t,t+1}$ 中的故障边集，其中 $t\in[1,k]$。注意上述某些记号虽与第 2 章中的记号相同，但记号所代表的含义不同。下面，我们给出 k 复合网络的子图可匹配的一些充分条件。为了方便起见，我们仍用 $M(G)$和 $M'(G)$分别表示 G 的完美匹配和几乎完美匹配。

引理 3.2.3 令 G 是由 $G_1,G_2,\cdots,G_k$ 所诱导出的 k 复合网络，其中 $k(\geqslant 3)$ 为奇数。设对任意的 $t\in[1,k]$，G_t 均是 r-正则的连通图且 $\mathrm{smp}(G_t)=r$，其中 $r(\geqslant 4)$为偶数且$|G_t|(\geqslant r+5)$为奇数。设 $F\subseteq V(G)\cup E(G)$是 G 的一个故障集，其中$|F|\leqslant r+2$。

- 设 $1\leqslant i<j\leqslant k$，如果下列情形之一成立：

(1) 对于任意的 $t\in[i,j]$，$|G_t-F_t|$均为偶数且$|F_t|<r$。

(2) $|F_i|\leqslant r-1$，$|F_j|\leqslant r-2$ 且$|G_i-F_i|$为奇数。另外，对任意的 $t\in[i+1,j-1]$均有$|F_t|\leqslant r-3$ 且$|G_t-F_t|$为偶数。特别的，如果$|F_i|=r-1$，则$|F_{i,i+1}\cup F_{i+1}|\leqslant 1$。

(3) $|F_i|\leqslant r-1$，$|F_j|\leqslant r-2$，且对于任意的 $t\in[i+1,j-1]$均有$|F_t|\leqslant r-3$。特别的，如果$|F_i|=r-1$ 且$|G_i-F_i|$为奇数，则$|F_{i,i+1}\cup F_{i+1}|\leqslant 1$。

那么 $G[i,j]-F$ 是可匹配的。

- 令 $1\leqslant i<j<l\leqslant k$，如果下列条件成立：

(4) $|F_i|\leqslant r-1$，$|F_j|\leqslant r-2$，$|F_l|\leqslant r-2$，且对于任意的 $t\in[i+1,j-1]\cup[j+1,l-1]$均有$|F_t|\leqslant r-3$。特别的，如果$|F_i|=r-1$ 且$|G_i-F_i|$为奇数，则$|F_{i,i+1}\cup F_{i+1}|\leqslant 1$。如果$|F_j|=r-2$ 且$|G[i,j]-F|$为奇数，则$|F_{j,j+1}\cup F_{j+1}|\leqslant 1$。

那么 $G[i,l]-F$ 是可匹配的。

证明 (1) 因为对任意的 $t\in[i,j]$均有$|F_t|<\mathrm{smp}(G_t)$且$|G_t-F_t|$为偶数，所以 G_t-F_t 含有完美匹配 M_t。即 $\bigcup_{t=i}^{j}M_t$ 是 $G[i,j]-F$ 的一个完美匹配。

(2) 我们断言 G_i-F_i 含有一个没有覆盖点 a_i 的几乎完美匹配 M_i，并且$(a_i,a_{i+1})\in E(G-F)$。如果$|F_i|\leqslant r-2$，因为$|M_{i,i+1}|-|F|>1$，可以设$(a_i,a_{i+1})\in E(G-F)$。因为$|F_i\cup\{a_i\}|<\mathrm{smp}(G_i)$且$|G_i-F_i-a_i|$为偶数，所以

$G_i-F_i-a_i$ 含有完美匹配 M_i。即 M_i 是 G_i-F_i 的一个没有覆盖点 a_i 的几乎完美匹配且 $(a_i,a_{i+1})\in E(G-F)$。如果 $|F_i|=r-1$，因为 $|F_i|<r$ 且 $|G_i-F_i|$ 为奇数，所以 G_i-F_i 含有一个几乎完美匹配 M_i'。设点 $a_i\in V(G_i-F_i)$ 没有被 M_i' 覆盖。当 $(a_i,a_{i+1})\in E(G-F)$ 时，断言成立。当 $(a_i,a_{i+1})\notin E(G-F)$ 时，因为 $|F_i|<r$，所以 a_i 不是 G_i-F_i 的孤立点。不妨设 $(a_i,u_i)\in E(G_i-F_i)$ 且 $(u_i,v_i)\in M_i'$。因为 $(a_i,a_{i+1})\notin E(G-F)$ 且 $|F_{i,i+1}\cup F_{i+1}|\leqslant 1$，所以 $(v_i,v_{i+1})\in E(G-F)$。因此，$M_i'\cup(a_i,u_i)\backslash(u_i,v_i)$ 是 G_i-F_i 的一个没有覆盖点 v_i 的几乎完美匹配且 $(v_i,v_{i+1})\in E(G-F)$。所以，断言成立。

因为 $|M_{t,t+1}|-|F|>1$，则对于任意的 $t\in[i,j-1]$，$M_{t,t+1}\cap E(G-F)$ 均至少含有两条边。设 $\{(b_{i+1},b_{i+2}),(c_{i+2},c_{i+3}),\cdots,(x_{j-2},x_{j-1}),(y_{j-1},y_j)\}\subseteq E(G-F)$，其中 $b_{i+1}\neq a_{i+1},c_{i+2}\neq b_{i+2},\cdots,y_{j-1}\neq x_{j-1}$。由于 $|F_{i+1}\cup\{a_{i+1},b_{i+1}\}|<r$ 且 $|G_{i+1}-F_{i+1}|$ 为偶数，所以 $G_{i+1}-F_{i+1}-\{a_{i+1},b_{i+1}\}$ 含有一个完美匹配 M_{i+1}。类似可证，$G_{i+2}-F_{i+2}-\{b_{i+2},c_{i+2}\},\cdots,G_{j-1}-F_{j-1}-\{x_{j-1},y_{j-1}\}$ 分别含有完美匹配 $M_{i+2},\cdots,M_{j-1}$。因为 $|F_j\cup\{y_j\}|<r$，所以 $G_j-F_j-y_j$ 含有完美匹配或者几乎完美匹配 M_j。因此，$\bigcup_{t=i}^{j}M_t\cup\{(a_i,a_{i+1}),(b_{i+1},b_{i+2}),(c_{i+2},c_{i+3}),\cdots,(x_{j-2},x_{j-1}),(y_{j-1},y_j)\}$ 是 $G[i,j]-F$ 的一个完美匹配或者几乎完美匹配。

(3) 如果对任意的 $t\in[i,j]$，$|G_t-F_t|$ 均为偶数，由引理 3.2.3(1)可知 $G[i,j]-F$ 含有完美匹配。如果存在某一个整数 $t\in[i,j]$ 使得 $|G_t-F_t|$ 为奇数，设 $|G_{p_1}-F_{p_1}|,|G_{p_2}-F_{p_2}|,\cdots,|G_{p_l}-F_{p_l}|$ 是集合 $\{|G_t-F_t|:t\in[i,j]\}$ 的全部奇数。若 $|G[i,j]-F|$ 为偶数，则 l 也为偶数。由引理 3.2.3(2)可知，$G[p_1,p_2]-F,G[p_3,p_4]-F,\cdots,G[p_l-1,p_l]-F$ 都含有完美匹配。根据引理 3.2.3(1)，$G[i,p_1-1]-F,G[p_2+1,p_3-1]-F,\cdots,G[p_l-2+1,p_{l-1}-1]-F$ 和 $G[p_l+1,j]-F$ 都含有完美匹配。所以，$M(G[i,p_1-1]-F)\cup M(G[p_1,p_2]-F)\cup M(G[p_2+1,p_3-1]-F)\cup\cdots\cup M(G[p_l-1,p_l]-F)\cup M(G[p_l+1,j]-F)$ 是 $G[i,j]-F$ 的一个完美匹配。若 $|G[i,j]-F|$ 为奇数，则 l 也为奇数。通过类似上述讨论，可以得出 $G[i,p_l-1]-F$ 含有完美匹配。由引理 3.2.3(2)可知，$G[p_l,j]-F$ 含有几乎完美匹配。所以，$M(G[i,p_l-1]-F)\cup M'(G[p_l,j]-F)$ 是 $G[i,j]-F$ 的一个几乎完美匹配。

(4) 如果 $|F_j|\leqslant r-3$，由引理 3.2.3(3)可知 $G[i,l]-F$ 是可匹配的。如果 $|F_j|=r-2$，通过引理 3.2.3(3)可得 $G[i,j]-F$ 和 $G[j+1,l]-F$ 都是可匹配的。当 $G[i,j]-F$ 或者 $G[j+1,l]-F$ 含有完美匹配时，$G[i,l]-F$ 是可匹配的。所以不妨假设 $|G[i,j]-F|$ 和 $|G[j+1,l]-F|$ 都是奇数。我们断言 $G[i,j]-F$ 含有一个没有覆盖点 w_j 的几乎完美匹配 $M'(G[i,j]-F)$，并且 $(w_j,$

$w_{j+1})\in E(G-F)$。

引理 3.2.3(3)证明 $G[i,j]-F$ 含有几乎完美匹配。设$\{(x_{j-2},x_{j-1}),(y_{j-1},y_j)\}\subseteq E(G-F)$。因此,$G_j-F_jy_j$ 含有一个几乎完美匹配 M_j。不妨设 M_j 没有覆盖点 w_j。若$(w_j,w_{j+1})\in E(G-F)$,断言成立。若$(w_j,w_{j+1})\notin E(G-F)$,因为$|F_j\cup\{y_j\}|<r$,所以 w_j 不是 $G_j-F_j-y_j$ 的孤立点。设$(w_j,u_j)\in E(G_j-F_j-y_j)$且$(u_j,v_j)\in M_j$。注意到$|F_{j,j+1}\cup F_{j+1}|\leqslant 1$ 且$(w_j,w_{j+1})\notin E(G-F)$,所以$(v_j,v_{j+1})\in E(G-F)$。因此,$M'(G[i,j]-F)\cup(w_j,u_j)\backslash(u_j,v_j)$是 $G[i,j]-F$ 中没有覆盖点 v_j 的一个几乎完美匹配,并且$(v_j,v_{j+1})\in E(G-F)$。

如果$|G_{j+1}-F_{j+1}|$是偶数,设 s 是$[j+2,l]$中满足$|G_s-F_s|$为奇数的最小整数。令$\{(f_{j+1},f_{j+2}),(g_{j+2},g_{j+3}),\cdots,(h_{s-2},h_{s-1}),(q_{s-1},q_s)\}\subseteq E(G-F)$,其中 $f_{j+1}\neq w_{j+1},g_{j+2}\neq f_{j+2},\cdots,q_{s-1}\neq h_{s-1}$。因为对任意的 $t\in[j+1,s]$均有 $\mathrm{smp}(G_t)=r$,所以 $G_{j+1}-F_{j+1}-\{w_{j+1},f_{j+1}\},G_{j+2}-F_{j+2}-\{f_{j+2},g_{j+2}\},\cdots,G_{s-1}-F_{s-1}-\{h_{s-1},q_{s-1}\}$和 $G_s-F_s-q_s$ 分别含有完美匹配 $M_{j+1},M_{j+2},\cdots,M_{s-1}$和 M_s。即 $M'(G[i,j]-F)(\bigcup_{t=j+1}^{s}M_t)\cup\{(w_j,w_{j+1}),(f_{j+1},f_{j+2}),\cdots,(h_{s-2},h_{s-1}),(q_{s-1},q_s)\}$是 $G[i,s]-F$ 的一个完美匹配。由引理 3.2.3(3)可知,$G[s+1,l]-F$ 含有完美匹配。因此,$M(G[i,s]-F)\cup M(G[s+1,l]-F)$是 $G[i,l]-F$ 的一个完美匹配。如果$|G_{j+1}-F_{j+1}|$为奇数,由于$|F_{j+1}\cup\{w_{j+1}\}|<r$,所以 $G_{j+1}-F_{j+1}-w_{j+1}$含有完美匹配 M'_{j+1}。由引理 3.2.3(3)可知,$G[j+2,l]-F$ 含有完美匹配。因此,$M'(G[i,j]-F)\cup M'_{j+1}\cup M(G[j+2,l]-F)\cup(w_j,w_{j+1})$是 $G[i,l]-F$ 的一个完美匹配。

3.3 *k* 复合网络的最小强匹配排除集

本小节主要证明了一类特殊的奇数阶 k 复合网络是超强匹配的。

注记 3.3.1 设 $F\subseteq V(G)\cup E(G)$是 G 中任意一个故障集,其中$|F|\leqslant r+2$。要得出定理 3.3.1 结论,只需证明 $G-F$ 是可匹配的,或者 F 是 G 的一个平凡的强匹配排除集。如果 F 是 G 的一个平凡的强匹配排除集,那么一定存在某个整数 $i\in[1,k]$使得$|F_i|=r$。因此,根据$|F_i|$的取值,在定理 3.3.1 的证明中分 4 种情形讨论。根据引理 3.2.3,情形 1~3 很容易证明。所以我们主要分析情形 4,即存在某个整数 $i\in[1,k]$使得$|F_i|=r$。

定理 3.3.1 设 G 是由 $G_1,G_2,\cdots,G_k$ 所诱导出的 k 复合网络,其中 $k(\geqslant 3)$为奇数。对任意的 $t\in[1,k]$,G_t 均是 r-正则的连通图且 $\mathrm{smp}(G_t)=r$,其中

$r(\geqslant 4)$为偶数且$|G_t|(\geqslant r+5)$为奇数。则 G 是超强匹配的。

证明　显然,G 是$(r+2)$-正则的。设 $F\subseteq V(G)\cup E(G)$是 G 的一个故障集且$|F|\leqslant r+2$。要得出定理结论,只需证明 $G-F$ 是可匹配的,或者 F 是 G 的一个平凡的强匹配排除集。不失一般性,令$|F_1|=\max\{|F_t|:1\leqslant t\leqslant k\}$。根据$|F_1|$的取值,分 4 种情形讨论。

情形 1　$|F_1|\leqslant r-3$。

因为$|F_1|=\max\{|F_t|:1\leqslant t\leqslant k\}$,所以对任意的 $t\in[1,k]$均有$|F_t|\leqslant r-3$。根据引理 3.2.3(3)可知 $G[1,k]-F$ 是可匹配的。

情形 2　$|F_1|=r-2$。

情形 2.1 对任意的整数 $t\in[2,k]$均有$|F_t|\leqslant r-3$。

由引理 3.2.3(3)可知,$G[1,k]-F$ 是可匹配的。

情形 2.2　存在某个整数 $j\in[2,k]$使得$|F_j|=r-2$,且对任意的 $t\in[2,k]\setminus\{j\}$均有$|F_t|\leqslant r-3$。

根据对称性,可以设 j 为奇数。如果 $j=k$,由引理 3.2.3(3)可知 $G[1,k]-F$ 是可匹配的。如果 $j\leqslant k-2$ 且$|F_{j,j+1}\cup F_{j+1}|\leqslant 1$,由引理 3.2.3(4) 可得 $G[1,k]-F$ 是可匹配的。如果 $j\leqslant k-2$ 且$|F_{j,j+1}\cup F_{j+1}|\geqslant 2$,因为$|F|-|F_1|-|F_j|\leqslant 6-r\leqslant 2$,所以$|F_{k,1}\cup F_k|=0$。通过类似引理 3.2.3(4)的证明,依次讨论$|G_j-F_j|$,$|G_{j-1}-F_{j-1}|$,…,$|G_1-F_1|$,$|G_k-F_k|$,$|G_{k-1}-F_{k-1}|$,…,$|G_{j+1}-F_{j+1}|$的奇偶性,可以得出 $G-F$ 是可匹配的。

情形 2.3　存在整数 $i,j\in[2,k]$满足$|F_i|=|F_j|=r-2$,其中 $i<j$。

因为 $3(r-2)\geqslant|F|$,所以 $F=F_1\cup F_i\cup F_j$。如果 $k=3$,那么$|F_1|=|F_2|=|F_3|=r-2$。可以验证一定存在某个整数 $l\in[1,3]$,满足$|G[l,l+1]-F|$为偶数。由引理 3.2.3(3)可知,$G[l,l+1]-F$ 含有完美匹配。因为$|F_{l+2}|<r$,所以 $G_{l+2}-F_{l+2}$含有完美匹配或者几乎完美匹配 M_{l+2}。因此,$M(G[l,l+1]-F)\cup M_{l+2}$是 $G-F$ 的一个完美匹配或者几乎完美匹配。下面讨论 $k\geqslant 5$ 时的情形。如果 $i=k-1$,那么 $j=k$ 且$|F_{k-2,k-1}\cup F_{k-2}|=0$。通过类似引理 3.2.3(4)的证明,依次考虑$|G_k-F_k|$,$|G_{k-1}-F_{k-1}|$,…,$|G_1-F_1|$的奇偶性,可以得出 $G-F$ 是可匹配的。如果 $i\leqslant k-2$ 且 $j=i+1$,那么$|F_{k,1}\cup F_k|=0$。类似引理 3.2.3(4)的证明,依次考虑$|G_i-F_i|$,$|G_{i-1}-F_{i-1}|$,…,$|G_1-F_1|$,$|G_k-F_k|$,$|G_{k-1}-F_{k-1}|$,…,$|G_{i+1}-F_{i+1}|$的奇偶性,可以得出 $G-F$ 是可匹配的。如果 $i\leqslant k-2$ 且 $j>i+1$,那么$|F_{i,i+1}\cup F_{i+1}|=|F_{j,j+1}\cup F_{j+1}|=0$。由引理 3.2.3(4)和引理 3.2.3(3)可知,$G[1,j-1]-F$ 和 $G[j,k]-F$ 是可匹配的。这意味着如果 $G[1,j-1]-F$ 或者 $G[j,k]-F$ 含有完美匹配,那么 $G-F$ 是可匹配的。所以不妨假设$|G[1,j-1]-F|$和$|G[j,k]-F|$都是奇数。由引理 3.2.3(4)可知,$G[1,j-2]$

$-F$ 和 $G[j-1,k]-F$ 都含有完美匹配。进而可以得出$G-F$是可匹配的。

情形 3 $|F_1|=r-1$。

情形 3.1 对任意的整数 $t\in[2,k]$均有$|F_t|\leqslant r-3$。

如果$|F_{1,2}\cup F_2|\leqslant 1$,由引理 3.2.3(3)可知 $G[1,k]-F$ 是可匹配的。如果$|F_{1,2}\cup F_2|\geqslant 2$,因为$|F\backslash F_1|\leqslant 3$,则$|F_{k,1}\cup F_k|\leqslant 1$。通过类似引理 3.2.3(3)的证明,依次考虑$|G_1-F_1|$,$|G_k-F_k|$,$|G_{k-1}-F_{k-1}|$,…,$|G_2-F_2|$的奇偶性,可以得出 $G-F$ 是可匹配的。

情形 3.2 存在某个整数 $j\in[2,k]$满足$|F_j|=r-2$。根据对称性,设 j 是奇数。

因为$|F|-|F_1|-|F_j|\leqslant 5-r\leqslant 1$,所以$|F_{1,2}\cup F_2|\leqslant 1$,$|F_{j,j+1}\cup F_{j+1}|\leqslant 1$,且对任意的 $t\in[2,k]\backslash\{j\}$有$|F_t|\leqslant 1\leqslant r-3$ 成立。根据引理 3.2.3(4),$G[1,k]-F$ 是可匹配的。

情形 3.3 存在某个整数 $j\in[2,k]$满足$|F_j|=r-1$。根据对称性,设 j 是奇数。

因为 $2(r-1)\geqslant|F|$,所以 $F=F_1\cup F_j$。如果$|G_1-F_1|$是奇数,由引理 3.2.3(3)可知 $G[1,j-1]-F$ 含有完美匹配且$G[j,k]-F$ 是可匹配的。因此,$G-F$ 是可匹配的。如果$|G_1-F_1|$是偶数,由于$|F_1|<r$,所以 G_1-F_1 含有完美匹配。通过类似引理 3.2.3(3)的讨论,依次考虑$|G_j-F_j|$,$|G_{j-1}-F_{j-1}|$,…,$|G_2-F_2|$的奇偶性,可以得出 $G[2,j]-F$ 是可匹配的结论。显然,$\bigcup_{t=\frac{j+1}{2}}^{\frac{k-1}{2}} M_{2t,2t+1}$是 $G[j+1,k]$的一个完美匹配。进而可以得出 $G-F$ 是可匹配的。

情形 4 $|F_1|\geqslant r$,意味着$|F\backslash F_1|\leqslant 2$。

如果存在某个整数 $i\in[2,k]$满足$|F_i|=2\leqslant r-2$,那么$|F_t|=0$ 对任意的 $t\in[2,k]\backslash\{i\}$都成立。否则,对任意的 $i\in[2,k]$均有$|F_i|\leqslant 1\leqslant r-3$。由引理 3.2.3(4)可知,$G[p,q]-F$ 是可匹配的,其中 $2\leqslant p<q\leqslant k$。在情形 4 中,很容易验证$|G[p,q]-F|$的奇偶性。所以,我们没有具体分析 $G[p,q]-F$ 的奇偶性,直接称 $G[p,q]-F$ 含有完美匹配或者几乎完美匹配。根据$|F\backslash F_1|$的取值,分下列情形讨论。

情形 4.1 $|F\backslash F_1|=0$。

显然,$\bigcup_{t=1}^{\frac{k-1}{2}} M_{2t,2t+1}$是 $G[2,k]$的一个完美匹配。因此,如果 G_1-F_1 是可匹配的,那么 $G-F$ 也是可匹配的。所以不妨设 G_1-F_1 是不可匹配的。

如果$|F'_1|\leqslant r-1$,设 $F'_1=\{a_1,b_1,\cdots,x_1\}$。因为 $\mathrm{smp}(G_3)=r$,则 G_3-

$\{a_3,b_3,\cdots,x_3\}$含有几乎完美匹配或者完美匹配 M_3。所以 $M_{1,2}\cup M_3\cup(\bigcup_{t=2}^{\frac{k-1}{2}}M_{2t,2t+1})\cup\{(a_2,a_3)(b_2,b_3),\cdots,(x_2,x_3)\}\backslash\{(a_1,a_2),(b_1,b_2),\cdots,(x_1,x_2)\}$是 $G-F$ 的一个几乎完美匹配或者完美匹配。

如果$|F'_1|\geqslant r\geqslant 4$,令$\{a_1,b_1,c_1\}\subseteq F'_1$。当$|F'_1|$是偶数时,由于$|F_1|\leqslant|F|\leqslant r+2$ 且 $\mathrm{smp}(G_1)=r$,所以 $G_1-F_1\backslash\{a_1,b_1,c_1\}$含有完美匹配 M_1。因为 G_1-F_1 是不可匹配的,可以设$\{(a_1,u_1),(b_1,v_1),(c_1,w_1)\}\subseteq M_1$。令 M_2 是 $G_2-\{u_2,v_2,w_2\}$的一个完美匹配。因此,$M_1\cup M_2\cup M'(G[3,k])\cup\{(u_1,u_2),(v_1,v_2),(w_1,w_2)\}\backslash\{(a_1,u_1),(b_1,v_1),(c_1,w_1)\}$是 $G-F$ 的一个几乎完美匹配。

当$|F'_1|$是奇数时,设 M_1 是 $G_1-F_1\backslash\{a_1,b_1,c_1\}$的一个没有覆盖点 x_1 的几乎完美匹配。若 $x_1\in\{a_1,b_1,c_1\}$,令 $x_1=a_1$ 且$\{(b_1,u_1),(c_1,v_1)\}\subseteq M_1$。设 M_k 和 M_2 分别是 $G_k-\bar{v}_k$ 和 G_2-u_2 的完美匹配。所以,$M_k\cup M_1\cup M_2\cup\{(\bar{v}_k,v_1),(u_1,u_2)\}\backslash\{(b_1,u_1),(c_1,v_1)\}$是 $G[k,2]-F$ 的一个完美匹配。若 $x_1\notin\{a_1,b_1,c_1\}$且 M_1 中存在某条边的两个端点都在$\{a_1,b_1,c_1\}$中,令$\{(b_1,c_1),(a_1,u_1)\}\subseteq M_1$。设 M'_k 和 M'_2 分别是 $G_k-\bar{x}_k$ 和 G_2-u_2 的完美匹配。所以,$M'_k\cup M_1\cup M'_2\cup\{(\bar{x}_k,x_1),(u_1,u_2)\}\backslash\{(b_1,c_1),(a_1,u_1)\}$是 $G[k,2]-F$ 的一个完美匹配。若 $x_1\notin\{a_1,b_1,c_1\}$且 M_1 中不存在两个端点都包含在$\{a_1,b_1,c_1\}$中的边,令$\{(a_1,u_1),(b_1,v_1),(c_1,w_1)\}\subseteq M_1$。设 M''_k 和 M''_2 分别是 $G_k-\bar{x}_k$ 和 $G_2-\{u_2,v_2,w_2\}$的完美匹配。所以,$M''_k\cup M_1\cup M''_2\cup\{(\bar{x}_k,x_1),(u_1,u_2),(v_1,v_2),(w_1,w_2)\}\backslash\{(a_1,u_1),(b_1,v_1),(c_1,w_1)\}$是 $G[k,2]-F$ 的一个完美匹配。因此,$M(G[k,2]-F)\cup(\bigcup_{s=1}^{\frac{k-3}{2}}M_{2s+1,2s+2})$是 $G-F$ 的一个完美匹配。

情形 4.2　$|F\backslash F_1|=1$,意味着$|F_1|=|F|-|F\backslash F_1|\leqslant r+1$。

情形 4.2.1　$F\backslash F_1=\{e_1\}$。

由引理 3.2.3(3)可知,$G[2,k]-F$ 含有完美匹配。这意味着如果 G_1-F_1 是可匹配的,则 $G-F$ 也是可匹配的。所以不妨设 G_1-F_1 是不可匹配的。因为$|F\backslash F_1|=1$,所以 $e_1\notin M_{1,2}\cup E(G_2)$或者 $e_1\notin M_{k,1}\cup E(G_k)$。设 $e_1\notin M_{1,2}\cup E(G_2)$。

如果$|F'_1|=0$,那么 $M_{1,2}\cup M'(G[3,k]-F)$是 $G-F$ 的一个几乎完美匹配。如果$|F'_1|=1$,令 $F'_1=\{a_1\}$。设 M_3 是 $G_3-F_3-a_3$ 的一个完美匹配。当 $e_1\neq(a_2,a_3)$时,$M_{1,2}\cup M_3\cup M(G[4,k]-F)\cup(a_2,a_3)\backslash(a_1,a_2)$是 $G-F$ 的一个完美匹配。当 $e_1=(a_2,a_3)$时,$|F_k|=0$。设$(\bar{a}_k,\bar{b}_k)\in E(G_k)$且 M_2 是 G_2-b_2 的一个完美匹配。因此,$M_{k,1}\cup M_2\cup(\bigcup_{s=1}^{\frac{k-3}{2}}M_{2s+1,2s+2})\cup\{(\bar{a}_k,\bar{b}_k),(b_1,b_2)\}$

$\backslash\{(\bar{a}_k,a_1),(\bar{b}_k,b_1)\}$是 $G-F$ 的一个完美匹配。

如果$|F'_1|\geqslant 2$,令$\{a_1,b_1\}\subseteq F'_1$。考虑$|F'_1|$是奇数的情形。因为$|F_1\backslash\{a_1,b_1\}|<r$,所以 $G_1-F_1\backslash\{a_1,b_1\}$含有一个完美匹配 M_1。因为 G_1-F_1 是不可匹配的,可以设$\{(a_1,u_1),(b_1,v_1)\}\subseteq M_1$。因为$|F\backslash F_1|=1$,所以 $e_1(\bar{v}_k,v_1)$或者 $e_1(\bar{u}_k,u_1)$。令 $e_1\neq(\bar{v}_k,v_1)$。设 M_k 和 M_2 分别是 $G_-F_k-\bar{v}_k$ 和 G_2-u_2 的完美匹配。所以,$M_k\cup M_1\cup M_2\cup M(G[3,k-1]-F)\cup\{(\bar{v}_k,v_1),(u_1,u_2)\}\backslash\{(a_1,u_1),(b_1,v_1)\}$是 $G-F$ 的一个完美匹配。考虑$|F'_1|$是偶数的情形。设 M'_1 为 $G_1-F_1\backslash\{a_1,b_1\}$的一个没有覆盖点 x_1 的几乎完美匹配。令$\{(a_1,u_1),(b_1,v_1)\}\subseteq M'_1$。设 M'_2 是 $G_2-\{u_2,v_2,x_2\}$的一个完美匹配。所以,$M'_1\cup M'_2\cup M'(G[3,k]-F)\cup\{(u_1,u_2),(v_1,v_2),(x_1,x_2)\}\backslash\{(a_1,u_1),(b_1,v_1)\}$是 $G-F$的一个几乎完美匹配。

情形 4.2.2 $F\backslash F_1=\{x_i\}$。根据对称性,设 i 是奇数。

如果 G_1-F_1 含有完美匹配,那么 $M(G_1-F_1)\cup M'(G[2,k]-F)$是 $G-F$ 的一个几乎完美匹配。如果 G_1-F_1 含有一个没有覆盖点 u_1 的几乎完美匹配,那么 G_2-u_2 含有完美匹配。所以,$M'(G_1-F_1)\cup M(G_2-u_2)\cup M(G[3,k]-F)\cup(u_1,u_2)$是 $G-F$ 的一个完美匹配。不妨假设 G_1-F_1 是不可匹配的。

如果$|F'_1|=0$,那么 $M_{1,2}\cup M(G[3,k]-F)$是 $G-F$ 的一个完美匹配。如果$|F'_1|=1$,令 $F'_1=\{a_1\}$。所以,$M_{1,2}\cup M(G[3,k]-F)\backslash(a_1,a_2)$是 $G-F$ 的一个几乎完美匹配。如果$|F'_1|\geqslant 2$,令$\{a_1,b_1\}-F'_1$。当$|F'_1|$是奇数时,由于$|F_1\backslash\{a_1,b_1\}|<r$,则 $G_1-F_1\backslash\{a_1,b_1\}$含有完美匹配 M_1。因为 G_1-F_1 是不可匹配的,可以设$\{(a_1,u_1),(b_1,v_1)\}\subseteq M_1$。令 M_2 是 G_2-u_2 的一个完美匹配,则,$M_1\cup M_2\cup M(G[3,k]-F)\cup(u_1,u_2)\backslash\{(a_1,u_1),(b_1,v_1)\}$是 $G-F$ 的一个几乎完美匹配。当$|F'_1|$是偶数时,设 M'_1 是 $G_1-F_1\backslash\{a_1,b_1\}$的一个没有覆盖点 w_1 的几乎完美匹配。令$\{(a_1,u_1),(b_1,v_1)\}\subseteq M'_1$。设 $M_2{}'$是 $G_2-\{u_2,v_2,w_2\}$的一个完美匹配。所以,$M'_1\cup M'_2\cup M(G[3,k]-F)\cup\{(u_1,u_2),(v_1,v_2),(w_1,w_2)\}\backslash\{(a_1,u_1),(b_1,v_1)\}$是 $G-F$ 的一个完美匹配。

情形 4.3 $|F\backslash F_1|=2$,意味着$|F_1|=r$。

情形 4.3.1 $F\backslash F_1=\{e_1,e_2\}$。设$|F_{k,1}|\leqslant|F_{1,2}|$。

如果$|F'_1|=0$ 且$|F_{k,1}|=0$,那么 $M_{k,1}\cup M'(G[2,k-1]-F)$是 $G-F$ 的一个几乎完美匹配,如果$|F'_1|=0$ 且$|F_{k,1}|\geqslant 1$,由于$|F_{k,1}|\leqslant|F_{1,2}|$,所以$|F_{k,1}|=|F_{1,2}|=1$。设 $F_{1,2}=\{(a_1,a_2)\}$且 M_3 是 G_3-a_3 的一个完美匹配,所以,$M_{1,2}\cup M_3\cup(\cup_{t=2}^{\frac{k-1}{2}}M_{2t,2t+1})\cup(a_2,a_3)\backslash(a_1,a_2)$是 $G-F$ 的一个几乎完美匹配。

如果 $|F'_1|\geqslant 1$ 且 $|F'_1|$ 是偶数，设 $a_1\in F'_1$。因为 $|F_1\backslash\{a_1\}|<r$，所以 $G_1-F_1\backslash\{a_1\}$ 含有完美匹配 M_1。设 $(a_1,b_1)\in M_1$。因此，$M_1\cup M(G[2,k]-F)\backslash(a_1,b_1)$ 是 $G-F$ 的一个几乎完美匹配。

如果 $|F'_1|\geqslant 1$ 且 $|F'_1|$ 是奇数，因为 $|F_1|=r$ 是偶数，所以 F_1 中至少含有一条边 e，令 $e=(a_1,b_1)$。设 M_1 是 $G_1-F_1\backslash e$ 的一个完美匹配。因此，若 $e\notin M_1$，则 $M_1\cup M(G[2,k]-F)$ 是 $G-F$ 的一个完美匹配。所以不妨设 $e\in M_1$。

当 $F\backslash F_1\neq\{(a_1,a_2),(b_1,b_2)\}$ 时，令 $(a_1,a_2)\notin F$。如果 $(\bar{b}_k,b_1)\notin F$，设 M_k 和 M_2 分别是 $G_k-F_k-\bar{b}_k$ 和 $G_2-F_2-a_2$ 的完美匹配，则 $M_k\cup M_1\cup M_2\cup\{(\bar{b}_k,b_1),(a_1,a_2)\}\backslash(a_1,b_1)$ 是 $G[k,2]-F$ 的一个完美匹配。如果 $(\bar{b}_k,b_1)\in F$，由于 $|F_{k,1}|\leqslant|F_{1,2}|$，则 $|F_{k,1}|=|F_{1,2}|=1$。若 $(b_1,b_2)\notin F$，设 M_k' 和 M_2' 分别是 $G_k-\bar{a}_k$ 和 G_2-b_2 的完美匹配，则 $M_k'\cup M_1\cup M_2'\cup\{(\bar{a}_k,a_1),(b_1,b_2)\}\backslash(a_1,b_1)$ 是 $G[k,2]-F$ 的一个完美匹配。若 $(b_1,b_2)\in F$ 且 b_1 不是 G_1-F_1 的孤立点，令 $(b_1,u_1)\in E(G_1-F_1)$ 且 $(u_1,v_1)\in M_1$。设 M_k'' 和 M_2'' 分别是 $G_k-\bar{v}_k$ 和 G_2-a_2 的完美匹配。所以，$M_k''\cup M_1\cup M_2''\cup\{(\bar{v}_k,v_1),(a_1,a_2),(b_1,u_1)\}\backslash\{(a_1,b_1),(u_1,v_1)\}$ 是 $G[k,2]-F$ 的一个完美匹配。因此，$M(G[k,2]-F)\cup M(G[3,k-1]-F)$ 是 $G-F$ 的一个完美匹配。若 $(b_1,b_2)\in F$ 且 b_1 是 G_1-F_1 的孤立点，则 F 是 G 的一个平凡的强匹配排除集。

当 $F\backslash F_1=\{(a_1,a_2),(b_1,b_2)\}$ 时，因为 $|G_1-F_1\backslash e|\geqslant 6$，所以 $|M_1|>1$。设 $(c_1,d_1)\in M_1$ 且 $(c_1,d_1)\neq e$。令 M_k''' 和 M_2''' 分别是 $G_k-\{\bar{a}_k,\bar{b}_k,\bar{c}_k\}$ 和 G_2-d_2 的完美匹配，则 $M'''\cup M_1\cup M'''\cup(\bigcup_{s=1}^{\frac{k-3}{2}}M_{2s+1,2s+2})\cup\{(\bar{a}_k,a_1),(\bar{b}_k,b_1),(\bar{c}_k,c_1),(d_1,d_2)\}\backslash\{(a_1,b_1),(c_1,d_1)\}$ 是 $G-F$ 的一个完美匹配。

情形 4.3.2　$F\backslash F_1=\{e_1,x_i\}$。根据对称性，设 i 是奇数。

先讨论 $|F'_1|=0$ 的情形。如果 $e_1\notin M_{1,2}$，那么 $M_{1,2}\cup M(G[3,k]-F)$ 是 $G-F$ 的一个完美匹配。如果 $e_1\in M_{1,2}$ 且 $x_i\notin F_k$，那么 $M_{k,1}\cup M(G[2,k-1]-F)$ 是 $G-F$ 的一个完美匹配。下面考虑 $e_1\in M_{1,2}$ 且 $x_i\in F_k$ 的情形。若 $e_1\neq(x_1^c,x_2^c)$，设 M_2 是 $G_2-x_2^c$ 的一个完美匹配。所以，$M_{k,1}\cup M_2\cup(\bigcup_{s=1}^{\frac{k-3}{2}}M_{2s+1,2s+2})\cup(x_1^c,x_2^c)\backslash(x_k,x_1^c)$ 是 $G-F$ 的一个完美匹配。若 $e_1=(x_1^c,x_2^c)$ 且 x_1^c 不是 G_1-F_1 的孤立点，令 $(x_1^c,a_1^c)\in E(G_1-F_1)$，设 M_{k-1}' 是 $G_{k-1}-a_{k-1}$ 的一个完美匹配，所以，$M_{k-1}'\cup M_{k-1}\cup(\bigcup_{t=1}^{\frac{k-3}{2}}M_{2t,2t+1})\cup\{(a_{k-1},a_k),(x_1^c,a_1^c)\}\backslash\{(x_k,x_1^c),(a_k,a_1^c)\}$ 是 $G-F$ 的一个完美匹配。若 $e_1=(x_1^c,x_2^c)$ 且 x_1^c 是 G_1-F_1 的孤立点，则 F 是 G 的一个平凡的强匹配排除集。

如果 $|F'_1|\geqslant 1$ 且 $|F'_1|$ 是奇数，因为 $|F_1|=r$ 为偶数，可以设 $e=(a_1,b_1)\in F_1$。

因为$|F_1\backslash e|<r$，所以$G_1-F_1\backslash e$含有完美匹配M_1。若$e\notin M_1$，则$M_1\cup M'(G[2,k]-F)$是$G-F$的一个几乎完美匹配。若$e\in M_1$，因为$F\backslash F_1$只含有一条边，所以$(a_1,a_2)\notin F$或者$(b_1,b_2)\notin F$。设$(a_1,a_2)\notin F$且M_2是$G_2-F_2-a_2$的一个完美匹配。即$M_1\cup M_2\cup M(G[3,k]-F)\cup(a_1,a_2)\backslash(a_1,b_1)$是$G-F$的一个几乎完美匹配。

下面讨论$|F'_1|\geqslant 1$且$|F'_1|$为偶数的情形。设$a_1\in F'_1$。令M_1是$G_1-F_1\backslash\{a_1\}$的一个完美匹配且$(a_1,b_1)\in M_1$。如果$(b_1,b_2)\notin F$，令M_2是$G_2-F_2-b_2$的一个完美匹配，则$M_1\cup M_2\cup(b_1,b_2)\backslash(a_1,b_1)$是$G[1,2]-F$的一个完美匹配。如果$(b_1,b_2)\in F$且$b_1$不是$G_1-F_1$的孤立点，可以设$(b_1,c_1)\in E(G_1-F_1)$且$(c_1,d_1)\in M_1$。设$M_2{}'$是$G_2-d_2$的一个完美匹配，则$M_1\cup M_2{}'\cup\{(b_1,c_1),(d_1,d_2)\}\backslash\{(a_1,b_1),(c_1,d_1)\}$是$G[1,2]-F$的一个完美匹配，因此，$M(G[1,2]-F)\cup M(G[3,k]-F)$是$G-F$的一个完美匹配。接下来，讨论$(b_1,b_2)\in F$且$b_1$是$G_1-F_1$的孤立点的情形。若$x_i\notin F_k$，设$M''_k$是$G_k-\bar{b}_k$的一个完美匹配，所以，$M''_k\cup M_1\cup M(G[2,k-1]-F)\cup(\bar{b}_k,b_1)\backslash(a_1,b_1)$是$G-F$的一个完美匹配。若$x_i\in F_k$且$\bar{b}_k\neq x_i$，由于$|G_1-F_1\backslash\{a_1\}|\geqslant 6$，所以$|M_1|>1$。设$(u_1,v_1)\in M_1$且$(u_1,v_1)\neq(a_1,b_1)$。因为$|F_k|=1$，所以$\bar{u}_k\neq x_k$或者$\bar{v}_k\neq x_k$。不妨设$\bar{u}_k\neq x_k$。令$M'''_k$和$M'''_2$分别是$G_k-\{\bar{u}_k,\bar{b}_k,x_k\}$和$G_2-v_2$的完美匹配。所以，$M'''_k\cup M_1\cup M'''_2\cup(\bigcup_{s=1}^{\frac{k-3}{2}}M_{2s+1,2s+2})\cup\{(\bar{u}_k,u_1),(\bar{b}_k,b_1),(v_1,v_2)\}\backslash\{(a_1,b_1),(u_1,v_1)\}$是$G-F$的一个完美匹配。若$\bar{b}_k=x_i$，则$F$是$G$的一个平凡的强匹配排除集。

情形 4.3.3 $F\backslash F_1=\{x_i,y_j\}$。设$i\leqslant j$且$|F_k|\leqslant|F_2|$。

先考虑$|F'_1|=0$的情形。当$|F_k|=0$时，$M_{k,1}\cup M'(G[2,k-1]-F)$是$G-F$的一个几乎完美匹配。当$|F_k|\geqslant 1$时，由于$|F_k|\leqslant|F_2|$，所以$|F_k|=|F_2|=1$。这意味着$F_2=\{x_2\}$。因此，$M_{1,2}\cup M(G[3,k]-F)\backslash(x_1,x_2)$是$G-F$的一个几乎完美匹配。

如果$|F'_1|\geqslant 1$且$|F'_1|$为偶数，设$a_1\in F'_1$。因为$|F_1\backslash\{a_1\}|<r$，所以$G_1-F_1\backslash\{a_1\}$含有完美匹配M_1。设$(a_1,b_1)\in M_1$。因此，$M_1\cup M(G[2,k]-F)\backslash(a_1,b_1)$是$G-F$的一个几乎完美匹配。

如果$|F'_1|\geqslant 1$且$|F'_1|$为奇数，因为$|F_1|=r$是偶数，所以F_1中至少含有一条边。设$e=(a_1,b_1)\in F_1$。令M_1是$G_1-F_1\backslash e$的一个完美匹配。若$e\notin M_1$，则$M_1\cup M(G[2,k]-F)$是$G-F$的一个完美匹配。所以不妨假设$e\in M_1$。因为$|G_1-F_1\backslash e|\geqslant 6$，所以$|M_1|>1$。设$(c_1,d_1)\in M_1$并且$(c_1,d_1)\neq e$。

考虑$|F_k|=0$的情形。如果$|F_2|=0$或者$|F_2|=2$，那么$\{a_2,b_2,c_2,d_2\}$中

至少有一个非故障点。设 $a_2\notin F_2$。令 M_k 和 M_2 分别是 $G_k-\{\bar{b}_k,\bar{c}_k,\bar{d}_k\}$ 和 $G_2-F_2-a_2$ 的完美匹配。所以，$M_k\cup M_1\cup M_2\cup M(G[3,k-1]-F)\cup\{(\bar{b}_k,b_1),(\bar{c}_k,c_1),(\bar{d}_k,d_1),(a_1,a_2)\}\setminus\{(a_1,b_1),(c_1,d_1)\}$ 是 $G-F$ 的一个完美匹配。如果 $|F_2|=1$，由于 $|F_k|=0$ 且 $|F\setminus F_1|=2$，所以 $k\geqslant 5$。因为 $|F\setminus F_1|-|F_2|=1$，所以 $|F_3|=0$ 或者 $|F_{k-1}|=0$。若 $|F_3|=0$，由于 $|F_2|=1$，所以 $a_2\neq x_2$ 或者 $b_2\neq x_2$。设 $a_2\neq x_2$ 并且 $(f_2,f_3)\in E(G-F)$。令 M_k'，M_2' 和 M_3' 分别是 $G_k-\bar{b}_k$，$G_2-\{a_2,x_2,f_2\}$ 和 G_3-f_3 的完美匹配。所以，$M_k'\cup M_1\cup M_2'\cup M_3'\cup M(G[4,k-1]-F)\cup\{(\bar{b}_k,b_1),(a_1,a_2),(f_2,f_3)\}\setminus(a_1,b_1)$ 是 $G-F$ 的一个完美匹配。若 $|F_{k-1}|=0$，设 M_k'' 和 M_{k-1}'' 分别是 $G_k-\{\bar{a}_k,\bar{b}_k,\bar{c}_k\}$ 和 $G_{k-1}-\bar{c}_{k-1}$ 的完美匹配，则 $M_{k-1}''\cup M_k''\cup M_1\cup M(G[2,k-2]-F)\cup\{(\bar{c}_{k-1},\bar{c}_k),(\bar{a}_k,a_1),(\bar{b}_k,b_1)\}\setminus(a_1,b_1)$ 是 $G-F$ 的一个完美匹配。

考虑 $|F_k|\geqslant 1$ 的情形。因为 $|F_k|\leqslant|F_2|$，所以 $|F_k|=|F_2|=1$。这意味着 $F_k=\{y_k\}$ 且 $F_2=\{x_2\}$。如果 $x_2\notin\{a_2,b_2\}$，设 M_2 是 $G_2-\{a_2,b_2,x_2\}$ 的一个完美匹配，那么，$M_1\cup M_2\cup M(G[3,k]-F)\cup\{(a_1,a_2),(b_1,b_2)\}\setminus(a_1,b_1)$ 是 $G-F$ 的一个完美匹配。如果 $x_2\in\{a_2,b_2\}$，设 $x_2=a_2$。若 a_1 不是 G_1-F_1 的孤立点，设 $(a_1,u_1)\in E(G_1-F_1)$ 且 $(u_1,v_1)\in M_1$。令 M_2' 是 $G_2-\{a_2,b_2,v_2\}$ 的一个完美匹配。因此，$M_1\cup M_2'\cup M(G[3,k]-F)\cup\{(v_1,v_2),(b_1,b_2),(a_1,u_1)\}\setminus\{(a_1,b_1),(u_1,v_1)\}$ 是 $G-F$ 的一个完美匹配。若 a_1 是 G_1-F_1 的孤立点且 $y_k\neq\bar{a}_k$，由于 $|F_k|=1$，所以 $y_k\neq\bar{c}_k$ 或者 $y_k\neq\bar{d}_k$。设 $y_k\neq\bar{d}_k$。令 M_k'' 和 M_2'' 分别是 $G_k-\{\bar{a}_k,\bar{d}_k,y_k\}$ 和 $G_2-\{a_2,b_2,c_2\}$ 的一个完美匹配。因此，$M_k''\cup M_1\cup M_2''\cup(\bigcup_{s=1}^{\frac{k-3}{2}}M_{2s+1,2s+2})\cup\{(\bar{a}_k,a_1),(\bar{d}_k,d_1),(b_1,b_2),(c_1,c_2)\}\setminus\{(a_1,b_1),(c_1,d_1)\}$ 是 $G-F$ 的一个完美匹配。若 a_1 是 G_1-F_1 的孤立点且 $y_k=\bar{a}_k$，则 F 是 G 的一个平凡的强匹配排除集。

□

3.4 应用

本小节主要通过应用定理 3.3.1，证明三类著名互连网络模型都是超强匹配的。

引理 3.4.1[6]　设 $k_1(\geqslant 3)$ 和 $k_2(\geqslant 3)$ 均为奇数，则 $C_{k_1}\square C_{k_2}$ 是超强匹配的

(因此也是极大强匹配的)。

推论 3.4.1 设 $k_1(\geqslant 3)$,$k_2(\geqslant 3)$,…,$k_n(\geqslant 3)$均为奇数,$n(\geqslant 3)$为整数,则 $C_{k_1}\square C_{k_2}\square\cdots\square C_{k_n}$ 是超强匹配的。

证明 设 $G=C_{k_1}\square C_{k_2}\square\cdots\square C_{k_n}$ 且 $G_t=C_{k_1}\square C_{k_2}\square\cdots\square C_{k_{n-1}}$,其中 t 为 $[1,k_n]$的任意一个数。则 G 是由 $G_1,G_2,\cdots,G_{k_n}$ 所诱导出的 k_n 复合网络。结合定理 3.3.1 和引理 3.4.1,此推论得证。

在文献[43]和文献[4]中,Park 等研究了递归循环图 $G(2^m,4)$的匹配排除和强匹配排除问题。我们主要考虑递归循环图 $G(cd^k,d)$的强匹配排除问题,其中 c 和 d 都是奇数。

引理 3.4.2[44] 设 c 和 d 都是奇数,其中 $3\leqslant c\leqslant d$。令 $F\subseteq V(G(cd^k,d))\cup E(G(cd^k,d))$。如果$|F|\leqslant 2k$,则 $G(cd^k,d)-F$ 是哈密尔顿的。

引理 3.4.3 设 c 和 d 都是奇数,其中 $3\leqslant c\leqslant d$,则 $\mathrm{smp}(G(cd^k,d))=2k+2$。

证明 由引理 3.2.2 可知,$\mathrm{smp}(G(cd^k,d))\leqslant 2k+2$。设 $F\subseteq V(G(c^k,d))\cup E(G(cd^k,d))$且$|F|\leqslant 2k+1$。根据引理 3.4.2,$G(cd^k,d)-F$ 含有一条哈密尔顿路,意味着 $G(cd^k,d)-F$ 是可匹配的。所以,$\mathrm{smp}(G(cd^k,d))>2k+1$。此引理得证。

□

对于任意整数 $t\in[0,d-1]$,设点集$\{i:i=t(\mathrm{mod}\ d)\}$在 $G(cd^k,d)$中的导出子图为 G_t。很容易验证,对任意的 $t\in[0,d-1]$,G_t 均同构于 $G(cd^{k-1},d)$。所以,$G(cd^k,d)$是由 $G_0,G_1,\cdots,G_{d-1}$所诱导出的 d 复合网络。结合定理 3.3.1 和引理 3.4.3,推论 3.4.2 成立。

推论 3.4.2 设 c 和 d 都是奇数,其中 $3\leqslant c\leqslant d$。如果 $k(\geqslant 2)$为整数,则 $G(cd^k,d)$是超强匹配的。

引理 3.4.4[45] 设 A 是一个有限的阿贝尔群,则每一个 4-正则的连通凯莱图 $\mathrm{Cay}(A,S)$都可以分解为两个边不交的哈密尔顿圈。

引理 3.4.5[46] 设 $n(\geqslant 3)$为奇数,$m(\geqslant 2)$为整数,则 $C_n\square P_m$ 是哈密尔顿连通的。

引理 3.4.6 设 A 是一个有限的阿贝尔群,$S=\{s_1,s_2\}$是 A 的一个极小生成集。如果$|A|$是奇数,则 $\mathrm{Cay}(A,S)$是极大强匹配的。

证明 设 $H=\mathrm{Cay}(A,S)$且 $H_0=\mathrm{Cay}(A_1,\{s_1\})$,其中 $A_1=\langle s_1\rangle$。令 m 是满足 $s_2^m\in A_1$ 的最小整数。对任意的 $i\in[1,m-1]$,点集为$\{s_2^iA_1\}$,边集为$\{(s_2^ia,s_2^ia')|a,a'\in A_1,a(a')^{-1}=s_1$ 或 $a'a^{-1}=s_1\}$的图记为 H_i。容易验证 H 是由 H_0,$H_1,\cdots,H_{m-1}$所诱导出的 m 复合网络。另外,对于任意的 $t\in[0,m-1]$,H_t 均是

含有 $o(s_1)$ 个点的圈。如果 $0\leqslant i<j\leqslant m-1$，那么 $H[i,j]$ 同构于 $C_{o(s_1)}\square P_{j-i+1}$。如果 $0\leqslant j<i\leqslant m-1$，那么 $H[i,j]$ 同构于 $C_{o(s_1)}\square P_{m+j-i+1}$。

因为 $|A|$ 是奇数，则 $m(\geqslant 3)$，$o(s_1)(\geqslant 3)$ 和 $o(s_2)(\geqslant 3)$ 都是奇数。由于 S 是 A 的极小生成集，所以 H 是4-正则的。设 $F\subseteq V(H)\cup E(H)$ 是 H 的一个故障集且 $|F|\leqslant 3$。要得出引理结论，只需证明 $H-F$ 是可匹配的。根据引理3.4.4，可以设 C 和 C' 是 H 的两个边不交的哈密尔顿圈，并且 $|F\cap C|\geqslant|F\cap C'|$。

如果 $|F|=1$，那么 $C-F$ 是 $H-F$ 的一条哈密尔顿路。因此，$H-F$ 是可匹配的。下面考虑 $|F|=2$ 的情形。当 $F=\{x_i,y_j\}$ 时，有 $C-F$ 是两条点不交的路，一条路是偶数阶，另一条路是奇数阶。所以，$H-F$ 含有一个几乎完美匹配。当 $F=\{x_i,e_1\}$ 时，设 $e_1\in E(C)$。所以，$C'-F$ 是 $H-F$ 的一条哈密尔顿路。这意味着 $H-F$ 是可匹配的。当 $F=\{e_1,e_2\}$ 时，由于 $|C|$ 是奇数，则 $C-F$ 含有一个几乎完美匹配。所以 $H-F$ 是可匹配的。接下来考虑 $|F|=3$ 的情形。

如果 $F=\{e_1,e_2,e_3\}$，由于 $|F\cap C|\geqslant|F\cap C'|$，则 $|E(C')\cap F|\leqslant 1$。所以 $C'-F$ 含有一个几乎完美匹配，即 $H-F$ 是可匹配的。

如果 $F=\{e_1,e_2,x_i\}$，令 $x_i\in V(H_0)$。对任意的 $t\in[1,m-2]$，$H[t,t+1]$ 均含有三个边不交的完美匹配(详见图 3.4.1)，从而 $H[t,t+1]-\{e_1,e_2\}$ 均含有完美匹配。若 $F_0=\{x_0\}$ 设 M_0 是 H_0-x_0 的一个完美匹配。若 $F_0=x_0$，设 M_0 是 H_0-x_0 的一个完美匹配。所以，$M_0\cup\{\bigcup_{s=0}^{\frac{m-3}{2}}M(H[2s+1,2s+2]-F)\}$ 是 $H-F$ 的一个完美匹配。若 $F_0=\{x_0,e_1\}$，则 $e_2\notin M_{0,1}$ 或者 $e_2\notin M_{m-1,0}$。不妨设 $e_2\notin M_{0,1}$。令 M_2 是 H_2-x_2 的一个完美匹配。当 $e_2\neq(x_1,x_2)$ 且 $e_2\notin M_2$ 时，$M_{0,1}\cup M_2\cup\{\bigcup_{s=1}^{\frac{m-3}{2}}M(H[2s+1,2s+2]-F)\}\cup(x_1,x_2)\setminus(x_0,x_1)$ 是 $H-F$ 的一个完美匹配。当 $e_2=(x_1,x_2)$ 时，令 $(x_1,y_1)\in E(H_1)$，设 M_{m-1} 是 $H_{m-1}-\bar{y}_{m-1}$ 的一个完美匹配，则 $M_{m-1}\cup M_{0,1}\cup(\bigcup_{t=1}^{\frac{m-3}{2}}M_{2t,2t+1})\cup\{(\bar{y}_{m-1},y_0),(x_1,y_1)\}\setminus\{(x_0,x_1),(y_0,y_1)\}$ 是 $H-F$ 的一个完美匹配。当 $e_2\in M_2$ 时，设 M_{m-2} 是 $H_{m-2}-\bar{x}_{m-2}$ 的一个完美匹配，则 $M_{m-2}\cup M_{m-1,0}\cup\{\bigcup_{s=0}^{\frac{m-5}{2}}M(H[2s+1,2s+2]-F)\}\cup(\bar{x}_{m-2},\bar{x}_{m-1})\setminus(\bar{x}_{m-1},x_0)$ 是 $H-F$ 的一个完美匹配。若 $F_0=\{x_0,e_2\}$，通过类似上述讨论，可以证明 $H-F$ 是可匹配的。若 $F_0=\{x_0,e_1,e_2\}$，设 $M_2{}'$ 是 H_2-x_2 的一个完美匹配，则 $M_{0,1}\cup M_2{}'\cup(\bigcup_{s=1}^{\frac{m-3}{2}}M_{2s+1,2s+2})\cup(x_1,x_2)\setminus(x_0,x_1)$ 是 $H-F$ 的一个完美匹配。

如果 $F=\{e_1,x_i,y_j\}$，令 $e_1\in E(C)$。显然，$C'-\{x_i,y_j\}$ 是两条点不交的路，一条路是偶数阶，另一条路是奇数阶。所以，$H-F$ 是可匹配的。

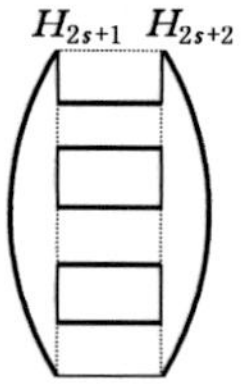

图 3.4.1　$H[2s+1,2s+2]$含有三个边不交的完美匹配

如果 $F=\{x_i,y_j,z_l\}$，设$|F_0|=\max\{|F_t|:0\leqslant t\leqslant m-1\}$。若$|F_0|=3$，则 $H_0-\{x_0,y_0,z_0\}$是三条点不交的路 P_1，P_2 和 P_3。若$|P_1|$，$|P_2|$和$|P_3|$都是偶数，则 $H_0-\{x_0,y_0,z_0\}$含有一个完美匹配。因此，$M(H_0-F_0)\cup(\bigcup_{s=0}^{\frac{m-3}{2}}M_{2s+1,2s+2})$是 $H-F$ 的一个完美匹配。若存在某个整数 $i\in[1,3]$满足$|P_i|$为奇数，令$|P_1|$和$|P_2|$都是奇数，$|P_3|$为偶数。假设 a_0 和 b_0 分别是 P_1 和 P_2 的某个端点。由引理 3.4.5 可知，$H[1,m-1]$中存在一条连接 a_1 和 b_1 的哈密尔顿路。所以，$P_1\cup P_2\cup\{(a_0,a_1),(b_0,b_1)\}\cup P\cup P_3$ 是 $H-F$ 的一条哈密尔顿路，即 $H-F$ 是可匹配的。若$|F_0|\neq 3$，则存在某个整数 $i\in[0,m-1]$满足$|F_i|=1$。令 $F_i=\{x_i\}$，显然，H_i-x_i 含有一个完美匹配。由引理 3.4.5 可知，$H[i+1,i-1]$含有一条连接 y_j 和 z_l 的哈密尔顿路 P'。所以 $P'-\{y_j,z_l\}$是 $H[i+1,i-1]-F$ 的一条哈密尔顿路，即 $H[i+1,i-1]-F$ 含有完美匹配。因此，$M(H_i-x_i)\cup M(H[i+1,i-1]-F)$是 $H-F$ 的一个完美匹配。

□

推论 3.4.3　设 A 是一个有限的阿贝尔群，$S=\{s_1,s_2,\cdots,s_k\}$是 A 的一个极小生成集。如果$|A|$是奇数且 $k\geqslant 3$，那么 $\mathrm{Cay}(A,S)$是超强匹配的。

证明　设 $H_0=\mathrm{Cay}(A_1,S_1)$，其中 $S_1=\{s_1,s_2,\cdots,s_{k-1}\}$是 A_1 的一个极小生成集。令 m 是满足 $s_k^m\in A_1$ 的最小整数。设对任意的 $i\in[1,m-1]$，点集为$\{s_k^iA_1\}$，边集为$\{(s_k^ia,s^ia')\mid a,a'\in A_1,a(a')^{-1}\in S_1$ 或 $a'a^{-1}\in S_1\}$的图记为 H_i。容易验证 $\mathrm{Cay}(A,S)$是由 $H_0,H_1,\cdots,H_{m-1}$所诱导出的 m 复合网络。结合定理 3.3.1 和引理 3.4.6，此推论得证。

□

第 4 章

n 维环面网络的分数匹配排除

本章主要研究 n 维环面网络的条件匹配排除问题。首先，证明了 n 维环面网络是超分数匹配的，其中 $n\geqslant 3$。鉴于一个点的邻边同时发生故障的概念较小，我们引入了条件分数匹配排除的概念，并且证明了 n 维环面网络是超条件分数匹配的，其中 $n\geqslant 3$。

4.1　分数匹配排除问题研究进展和本章主要结论

分数匹配排除问题是匹配排除问题的另一种推广，Liu 等[47]提出了图的分数匹配排除和分数强匹配排除的概念，并求解了完全图、彼得森图、扭结立方体图的分数匹配排除数和分数强匹配排除数。随后，图的分数匹配排除问题得到关注[48-50]。我们证明了 n 维环面网络是超分数匹配的，其中 $n\geqslant 3$。即该图的最小分数匹配排除集都是由一个点的所有邻边组成。由于一个点的所有邻边同时发生故障的概率较小，图的分数匹配排除数低估了图的分数匹配能力。因此，我们提出了图的条件分数匹配排除的概念，并探究了 n 维环面网络的条件分数匹配排除问题。本章的主要结论如下：

(1) 设 $k_1(\geqslant 3),k_2(\geqslant 3),\cdots,k_n(\geqslant 3),n(\geqslant 3)$ 均为整数，则 $C_{k_1}\square C_{k_2}\square\cdots\square C_{k_n}$ 是超分数匹配的。

(2) 设 $k_1(\geqslant 4)$ 为偶数且对于任意的 $i\in[2,n]$，$k_i(\geqslant 4)$ 均为整数。如果 $n(\geqslant 3)$ 为整数，则 $C_{k_1}\square C_{k_2}\square\cdots\square C_{k_n}$ 是超条件分数匹配的。

(3) 设 $k_1(\geqslant 3),k_2(\geqslant 3),\cdots,k_n(\geqslant 3)$ 均为奇数，$n(\geqslant 3)$ 为整数，则 C_{k_1}

$\square C_{k_2}\square\cdots\square C_{k_n}$ 是超条件分数匹配的。

4.2 准备工作

Liu 等提出了两种广义的匹配排除问题[47]，即图的分数匹配排除和强分数匹配排除问题。分数匹配是将[0,1]中的数给 G 中每条边赋值的一个函数，使得对于 G 中任意一个顶点 v 都有 $\sum_{e\sim v}f(e)\leqslant 1$，其中 $e\sim v$ 表示与顶点 v 相关联的所有边。特别的，如果对于任意一条边 $e\in E(G)$ 均有 $f(e)\in\{0,1\}$，则 f 恰是 G 的一个匹配的指示函数。设 f 是 G 的一个分数匹配，若 G 中任意一个顶点 v 都有 $\sum_{e\sim v}f(e)=1$，则称 f 是 G 的一个分数完美匹配。若 G 中存在一个顶点 v'，使得 $\sum_{e\sim v'}f(e)=0$ 并且对于其他任意一个顶点 v 都有 $\sum_{e\sim v}f(e)=1$，则称这个匹配是几乎分数完美匹配。显然，如果图 G 含有一个完美匹配（几乎完美匹配），则 G 含有一个分数完美匹配（几乎分数完美匹配）。设 F 是 G 的一个边子集。若 $G-F$ 不含分数完美匹配，则称 F 是 G 的分数匹配排除集。图 G 中含边数最少的分数匹配排除集称为 G 的最小分数匹配排除集。图 G 的最小分数匹配排除集的基数称为 G 的分数匹配排除数，记为 $\mathrm{fmp}(G)$。显然，若一个图含有一个孤立点，那么这个图不含有分数完美匹配。因此，某一个顶点的所有邻边构成一个图的分数匹配排除集，称这样的分数匹配排除集是平凡的。如果 G 的每一个最小的分数匹配排除集都是平凡的，则称 G 是超分数匹配的。很容易验证引理 4.2.1 成立。

引理 4.2.1 设 G 是一个连通图，则 $\mathrm{fmp}(G)\leqslant\delta(G)$。

定义 4.2.1 设 G 是一个连通图，如果 $\mathrm{fmp}(G)=\delta(G)$，则称 G 是极大分数匹配的。

由于一个点的所有邻边同时发生故障的概率较小，因此 $\mathrm{fmp}(G)$ 低估了图 G 的分数匹配能力。为了克服这一缺陷，我们引入条件分数匹配排除的概念。设 F 是 G 的一个边子集。若 $G-F$ 不含分数完美匹配且 $G-F$ 不含孤立点，则称 F 是 G 的条件分数匹配排除集。图 G 中含边数最少的条件分数匹配排除集称为 G 的最小条件分数匹配排除集。图 G 的最小条件分数匹配排除集的基数称为 G 的条件分数匹配排除数，记为 $\mathrm{fmp}_1(G)$。

引理 4.2.2 设 G 是一个连通图且 $\delta(G)\geqslant 3$，则 $\mathrm{fmp}_1(G)\leqslant\min\{d_G(u)+d_G(v)-2-y_G(u,v):u$ 和 v 是一条 2 长路的端点$\}$，其中 $d_G(\cdot)$ 表示一个点的度数，如果 u 和 v 相邻，则 $y_G(u,v)=1$，反之 $y_G(u,v)=0$。

证明　设 uwv 是 G 的一条 2 长路。删去除了 (u,w) 和 (v,w) 外所有与点 u 或者点 v 相关联的边，则剩下的图不含有分数完美匹配。

定义 4.2.2　按照引理 4.2.2 构造的条件分数匹配排除集称为平凡的条件分数匹配排除集。如果图 G 的每一个最小的条件分数匹配排除集都是平凡的，则称 G 是超条件分数匹配的。

设 M 是 G 的一个完美匹配。若 $e\in M$，令 $f(e)=1$，反之 $f(e)=0$。显然，f 是 G 的一个分数完美匹配。为了简单起见，我们用 $\mathbf{1}(M)$ 表示这个分数完美匹配。如果一个偶数阶的图 G 含有一条哈密尔顿路，那么图 G 含有一个完美匹配，即图 G 含有一个分数完美匹配。如果图 G 含有一个哈密尔顿圈 C，若 $e\in E(C)$，令 $f(e)=\frac{1}{2}$，反之 $f(e)=0$，则 f 是 G 的一个分数完美匹配。如果 H 是 G 的一个支撑子图，且 H 含有一个分数完美匹配 f，若 $e\in E(H)$，令 $f'(e)=f(e)$，反之 $f'(e)=0$，则 f' 是 G 的一个分数完美匹配。设 $V(G)=V(G_1)\cup V(G_2)$ 且 $V(G_1)\cap V(G_2)=\varnothing$，如果 G_1 和 G_2 含有分数完美匹配，则令 f_i 是 G_i 的一个分数完美匹配，其中 $i\in[1,2]$。若 $e\in E(G_i)$，设 $f(e)=f_i(e)$，反之 $f(e)=0$。显然，f 是 G 的一个分数完美匹配。我们用 $\mathscr{F}(G_1)\cup\mathscr{F}(G_2)$ 表示 G 的一个分数完美匹配。一般情况下，我们用 $\mathscr{F}(G)$ 表示 G 的一个分数完美匹配。

4.3　n 维环面网络的最小分数匹配排除集

本小节主要证明了 n 维环面网络是超分数匹配的，其中 $n\geqslant 3$。

引理 4.3.1　设 G 是一个偶数阶的图。如果 G 是超匹配的，则 G 是超分数匹配的。

证明　设 F 是 G 的一个最小的分数匹配排除集。由引理 4.2.1，$|F|\leqslant\delta(G)$。假设 $G-F$ 不含孤立点。因为 G 是超匹配的且 $|F|\leqslant\delta(G)$，则 $G-F$ 含有一个完美匹配，即 $G-F$ 含有一个分数完美匹配，矛盾。因此 $G-F$ 含有一个孤立点，G 是超分数匹配的。

引理 4.3.2[29]　设 $k_1(\geqslant 4)$ 为偶数，且对任意的 $i\in[2,n]$，$k_i(\geqslant 3)$ 均为整数。则 $C_{k_1}\square\cdots\square C_{k_n}$ 是超匹配的。

结合引理 4.3.1 和引理 4.3.2，可以得到如下结论：

推论 4.3.1　设 $k_1(\geqslant 4)$ 为偶数，且对任意的 $i\in[2,n]$，$k_i(\geqslant 3)$ 均为整数，则 $C_{k_1}\square\cdots\square C_{k_n}$ 是超分数匹配的。

接下来我们考虑奇数阶的 n 维环面网络的分数匹配排除问题。

引理 4.3.3 设 G 是一个奇数阶的 r-正则图。假设 G 是 $(r-2)$-哈密尔顿的。令 $G'=G\square C_k$ 且 F 是 G' 的一个故障边集。

- 若满足下列条件之一：

(1) G_i-F_i 含有一个不覆盖点 a_i 的几乎完美匹配 M_i 且 $(a_i,a_{i+1})\notin F$。另外，$|F_{i+1}|\leqslant r-2$。

(2) $G_{i+1}-F_{i+1}$ 含有一个不覆盖点 a_{i+1} 的几乎完美匹配 M_{i+1} 且 $(a_i,a_{i+1})\notin F$。另外，$|F_i|\leqslant r-2$。

(3) $F_{i,i+1}=\{(a_i,a_{i+1})\}$。另外，$(a_i,b_i)\notin F$ 且 $(a_{i+1},b_{i+1})\notin F$，其中 $b_i\in N_{G_i}(a_i)$。

(4) $F_{i,i+1}=\{(a_i,a_{i+1})\}$。另外，$I_{G_i}(a_i)\nsubseteq F_i$ 且 $|F_{i+1}|=0$。

(5) $F_{i,i+1}=\{(a_i,a_{i+1})\}$。另外，$I_{G_{i+1}}+(a_{i+1})\nsubseteq F_{i+1}$ 且 $|F_i|=0$。

(6) $|F_{i,i+1}|=0$。

那么图 $G[i,i+1]-F$ 含有一个分数完美匹配。

- 设 $G[i,i+1]-F$ 不含有分数完美匹配。

(7) 如果 $F_{i,i+1}=\{(a_i,a_{i+1})\}$ 且 $|F_i|+|F_{i+1}|=r$，则对于任意点 $b_i\in N_{G_i}(a_i)$，$\{(a_i,b_i),(a_{i+1},b_{i+1})\}$ 中有且仅有一条故障边。

(8) 如果 $F_{i,i+1}=\{(a_i,a_{i+1})\}$，$|F_i|=0$ 且 $|F_{i+1}|=r$，则 $F_{i+1}=IG_{i+1}(a_{i+1})$。

(9) 如果 $F_{i,i+1}=\{(a_i,a_{i+1})\}$，$|F_i|=r$ 且 $|F_{i+1}|=0$，则 $F_i=I_{G_i}(a_i)$。

- 若下列条件成立：

(10) $F_{i,i+1}=\{(a_i,a_{i+1})\}$ 且 $d_{G_i-F_i}(a_i)>0$。另外，$|F_{i+1,i+2}|=0$ 且 $|F_{i+2}|\leqslant r-4$。那么图 $G[i,i+2]-F$ 含有一个分数完美匹配。

- 若满足下列条件之一：

(11) $F_{i+1,i+2}=\{(a_{i+1},a_{i+2})\}$，$(a_i,a_{i+1})\notin F$ 且 $(a_{i+2},a_{i+3})\notin F$。另外，$|F_i|\leqslant r-3$ 且 $|F_{i+3}|\leqslant r-3$。

(12) $G_{i+3}-F_{i+3}$ 含有一个不覆盖点 a_{i+3} 的几乎完美匹配 M_{i+3}。另外，$(a_i,a_{i+1})\notin F$，$(a_{i+2},a_{i+3})\notin F$，$|F_i|\leqslant r-3$ 且 $|F_{i+1,i+2}|=0$。

(13) G_i-F_i 含有一个不覆盖点 a_i 的几乎完美匹配 M_i。另外，$(a_i,a_{i+1})\notin F$，$(a_{i+2},a_{i+3})\notin F$，$|F_{i+3}|\leqslant r-3$ 且 $|F_{i+1,i+2}|=0$。

那么图 $G[i,i+3]-F$ 含有一个分数完美匹配。

- 若下列条件成立：

(14) 对于任意的 $t\in[i,j]$，均有 $|F_t|<\mathrm{fmp}(G)$，

那么 $G[i,j]-F$ 含有一个分数完美匹配。

- 若下列条件成立：

(15) 对于任意的 $t\in[1,k]$，均有 $|F_t|<\mathrm{fmp}(G)$，

那么 $G'-F$ 含有一个分数完美匹配。

证明　(1) 因为 G 是奇数阶的，$(r-2)$-哈密尔顿的，所以 $G_{i+1}-\{a_{i+1}\}-F_{i+1}$ 含有一条偶数阶的哈密尔顿路，即 $G_{i+1}-\{a_{i+1}\}-F_{i+1}$ 含有一个分数完美匹配。因此，$\mathbf{1}\{M_i\cup(a_i,a_{i+1})\}\cup\mathscr{F}(G_{i+1}-\{a_{i+1}\}-F_{i+1})$ 是 $G[i,i+1]-F$ 的一个分数完美匹配。类似上述讨论，(2)得证。

(3) 显然，$\mathbf{1}\{M_{i,i+1}\cup\{(a_i,b_i),(a_{i+1},b_{i+1})\}\backslash\{(a_i,a_{i+1}),(b_i,b_{i+1})\}\}$ 是 $G[i,i+1]-F$ 的一个分数完美匹配。

(4) 由引理 4.3.3(3)，可得引理 4.3.3(4)和引理 4.3.3(5)。

(6) 显然，$\mathbf{1}(M_{i,i+1})$ 构成 $G[i,i+1]-F$ 的一个分数完美匹配。

(7) 若 $(a_i,b_i)\notin F$ 且存在某一个点 $b_i\in N_{G_i}(a_i)$ 满足 $(a_{i+1},b_{i+1})\notin F$，由引理 4.3.3(3)可知 $G[i,i+1]-F$ 含有一个分数完美匹配。因为 $|F_i|+|F_{i+1}|=r$，则对于任意点 $b_i\in N_{G_i}(a_i)$，边集 $\{(a_i,b_i),(a_{i+1},b_{i+1})\}$ 中有且仅有一条故障边。

(8) 由引理 4.3.3(7)，可得引理 4.3.3(8)和引理 4.3.3(9)。

(10) 设存在点 $b_i\in N_{G_i}(a_i)$ 满足 $(a_i,b_i)\notin F$。因为 $|F_{i+2}|\leqslant r-4$，所以 $G_{i+2}-\{a_{i+2},b_{i+2}\}-F_{i+2}$ 含有一个哈密尔顿圈，即含有一个分数完美匹配。因此，$\mathbf{1}\{M_{i,i+1}\cup\{(a_{i+1},a_{i+2}),(b_{i+1},b_{i+2}),(a_i,b_i)\}\backslash\{(a_i,a_{i+1}),(b_i,b_{i+1})\}\}\cup\mathscr{F}(G_{i+2}-\{a_{i+2},b_{i+2}\}-F_{i+2})$ 构成 $G[i,i+2]-F$ 的一个分数完美匹配。

(11) 显然，$G_i-\{a_i\}-F_i$ 和 $G_i+3-\{a_{i+3}\}-F_{i+3}$ 均含有哈密尔顿圈，即都含有分数完美匹配。因此，$\mathscr{F}(G_i-\{a_i\}-F_i)\cup\mathscr{F}(G_{i+3}-\{a_{i+3}\}-F_{i+3})\cup\mathbf{1}\{M_{i+1,i+2}\cup\{(a_i,a_{i+1}),(a_{i+2},a_{i+3})\}\backslash(a_{i+1},a_{i+2})\}$ 是 $G[i,i+3]-F$ 的一个分数完美匹配。

(12) 显然，$G_i-\{a_i\}-F_i$ 含有一个哈密尔顿圈，即含有一个分数完美匹配。因此，$\mathscr{F}(G_i-\{a_i\}-F_i)\cup\mathbf{1}\{M_{i+1,i+2}\cup M_{i+3}\cup\{(a_i,a_{i+1}),(a_{i+2},a_{i+3})\}\backslash(a_{i+1},a_{i+2})\}$ 是 $G[i,i+3]-F$ 的一个分数完美匹配。类似上述讨论，可以证明引理 4.3.3(13)。

(14) 因为 $|F_t|<\mathrm{fmp}(G)$，所以对于任意 $t\in[i,j]$，G_t-F_t 都含有一个分数完美匹配。因此，$\bigcup_{t=i}^{j}\mathscr{F}(G_t-F_t)$ 是 $G[i,j]-F$ 的一个分数完美匹配。

(15) 由引理 4.3.3(14)可知，$G[1,k]-F$ 含有一个分数完美匹配。因此，$G'-F$ 含有一个分数完美匹配。

□

引理 4.3.4　设图 G 是奇数阶的 2-正则的连通图。令 $G'=G\square C_k$，其中 k

($\geqslant 3$)是奇数，则 G' 是极大分数匹配的。

证明 首先，我们考虑 $k\geqslant 5$ 时的情形。根据引理 4.2.1，$\mathrm{fmp}(G')\leqslant 4$。设 $F\subseteq E(G')$ 且 $|F|\leqslant 3$。只需要证明 $G'-F$ 含有一个分数完美匹配。假设对于任意的 $i\in[1,k]$，均有 $|F_i|=0$。因为 $\mathrm{fmp}(G)=1$，根据引理 4.3.3(15)可知 $G'-F$ 含有一个分数完美匹配。假设存在某个 $i\in[1,k]$，使得 $|F_i|\geqslant 1$，令 $|F_1|\geqslant 1$。如果 $|F_{1,2}|\geqslant 1$ 且 $|F_{k,1}|\geqslant 1$，因为 $|F|\leqslant 3$，所以 $|F_{1,2}|=|F_1|=1$ 并且对于任意的 $i\in[2,k]$，均有 $|F_i|=0$。由引理 4.3.3(4)和引理 4.3.3(14)可知，$G[1,2]-F$ 和 $G[3,k]-F$ 都含有分数完美匹配。因此，$\mathscr{F}(G[1,2]-F)\cup\mathscr{F}(G[3,k]-F)$ 是 $G'-F$ 的一个分数完美匹配。如果 $|F_{1,2}|=0$ 或者 $|F_{k,1}|=0$，不失一般性，假设 $|F_{1,2}|=0$。若 $|F_3|+|\bigcup_{t=2}^{\frac{k-1}{2}}F_{2t,2t+1}|=0$ 或者 $|F_k|+|\bigcup_{s=1}^{\frac{k-3}{2}}F_{2s+1,2s+2}|=0$，则 $\mathbf{1}\{M_{1,2}\cup(\bigcup_{t=2}^{\frac{k-1}{2}}M_{2t,2t+1})\}\cup\mathscr{F}(G_3)$ 或者 $\mathbf{1}(\bigcup_{s=0}^{\frac{k-3}{2}}M_{2s+1,2s+2})\cup\mathscr{F}(G_k)$ 是 $G'-F$ 的一个分数完美匹配。若 $|F_3|+|\bigcup_{t=2}^{\frac{k-1}{2}}F_{2t,2t+1}|\geqslant 1$ 且 $|F_k|+|\bigcup_{s=}^{\frac{k-3}{2}}1F_{2s+1,2s+2}|\geqslant 1$，则 $\mathbf{1}(M_{k,1}\cup M_{2,3})\cup\{\bigcup_{i=4}^{k-1}\mathscr{F}(G_i)\}$ 是 $G'-F$ 的一个分数完美匹配。

接下来，我们考虑 $k=3$ 时的情形。只需考虑 $|F_1|\geqslant 1$ 和 $|F_{1,2}|=0$ 的情形，因为其他情形和 $k\geqslant 5$ 时类似。如果 $|F_3|=0$，那么 $\mathbf{1}(M_{1,2})\cup\mathscr{F}(G_3)$ 是 $G'-F$ 的一个分数完美匹配。如果 $|F_3|\geqslant 1$ 且 $|F_2|\geqslant 1$，那么 $F=F_1\cup F_2\cup F_3$ 且 $|F_3|=1$。显然，G_3-F_3 是一条奇数阶的路。设 $a_3\in V(G_3-F_3)$ 是这条路的一个端点，则 $G_3-F_3-\{a_3\}$ 是一条偶数阶的路，即 $G_3-F_3-\{a_3\}$ 含有一个分数完美匹配。图 $G'[\{a_1,a_2,a_3\}]$ 是一个圈，因此含有分数完美匹配。因此，$\mathscr{F}(G'[\{a_1,a_2,a_3\}])\cup\mathscr{F}(G_3-F_3-\{a_3\})\cup\mathbf{1}\{M_{1,2}\backslash(a_1,a_2)\}$ 是 $G'-F$ 的一个分数完美匹配。如果 $|F_3|\geqslant 1$ 且 $|F_2|=|F_{3,1}|=0$，那么 $\mathbf{1}(M_{3,1})\cup\mathscr{F}(G_2)$ 是 $G'-F$ 的一个分数完美匹配。如果 $|F_3|\geqslant 1$，$|F_2|=0$ 且 $|F_{3,1}|\geqslant 1$，那么 $|F_{3,1}|=|F_1|=|F_3|=1$。令 $F_{3,1}=\{(a_3,a_1)\}$。若 $G[3,1]-F$ 含有一个分数完美匹配，那么 $\mathscr{F}(G[3,1]-F)\cup\mathscr{F}(G_2)$ 是 $G'-F$ 的一个分数完美匹配。若 $G[3,1]-F$ 不含分数完美匹配，根据引理 4.3.3(7)可以设 $\{(a_1,b_1),(a_3,c_3)\}\subseteq F$，其中 $N_{G_1}(a_1)=\{b_1,c_1\}$。因为 $G_3-F_3-\{c_3\}=G_3-\{c_3\}$ 是一条偶数阶的路，所以 $G_3-F_3-\{c_3\}$ 含有一个分数完美匹配。显然，$G'[\{c_1,c_2,c_3\}]$ 是一个圈，因此含有分数完美匹配。因此，$\mathbf{1}\{M_{1,2}\backslash(c_1,c_2)\}\cup\mathscr{F}(G'[\{c_1,c_2,c_3\}])\cup\mathscr{F}(G_3-F_3-\{c_3\})$ 是 $G'-F$ 的一个分数完美匹配。

□

引理 4.3.5 设 G 是一个 r-正则的连通图且 $r\geqslant 4$。令 $G'=G\square C_k$，其中 k

(≥3)是奇数。如果 G 是极大分数匹配的,那么 G' 是超分数匹配的。

证明 显然,$\mathrm{fmp}(G)=r$ 且 G' 是 $(r+2)$-正则的。由引理 4.2.1 可知,$\mathrm{fmp}(G')\leqslant r+2$。设 $F\subseteq E(G')$ 且 $|F|\leqslant r+2$。只需要证明 $G'-F$ 含有一个分数完美匹配或者 F 是 G' 的一个平凡的分数匹配排除集。

如果对于任意的 $i\in[1,k]$,均有 $|F_i|<r$,那么根据引理 4.3.3(15)可知 $G'-F$ 含有一个分数完美匹配。接下来,我们考虑存在某一整数 $i\in[1,k]$ 满足 $|F_i|\geqslant r$。不失一般性,设 $|F_1|\geqslant r$ 且 $|F\backslash F_1|\leqslant 2<r$。根据引理 4.3.3(14),$G[p,q]-F$ 含有一个分数完美匹配,其中 $2\leqslant p<q\leqslant k$。若 $|F_{1,2}|=0$ 或者 $|F_{k,1}|=0$,则 $\mathbf{1}(M_{1,2})\cup\mathscr{F}(G[3,k]-F)$ 或者 $\mathbf{1}(M_{k,1})\cup\mathscr{F}(G[2,k-1]-F)$ 是 $G'-F$ 的一个分数完美匹配。若 $|F_{1,2}|\geqslant 1$ 且 $|F_{k,1}|\geqslant 1$,则 $|F_1|=r$ 且 $|F_{1,2}|=|F_{k,1}|=1$。不妨设 $F_{1,2}=\{(a_1,a_2)\}$ 且 $F_{k,1}=\{(b_k,b_1)\}$。如果 a_1 不是 G_1-F_1 中的孤立点,由引理 4.3.3(4)可知 $G[1,2]-F$ 含有一个分数完美匹配。因此,$\mathscr{F}(G[1,2]-F)\cup\mathscr{F}(G[3,k]-F)$ 是 $G'-F$ 的一个分数完美匹配。如果 a_1 不是 G_1-F_1 的孤立点且 $(a_k,a_1)\notin F$,那么 $b_1\neq a_1$。因为 $F_1=I_{G_1}(a_1)$ 且 $r\geqslant 2$,所以 $I_{G_1}(b_1)\not\subseteq F_1$。由引理 4.3.3(5)可知 $G[k,1]-F$ 含有一个完美匹配。因此,$\mathscr{F}(G[k,1]-F)\cup\mathscr{F}(G[2,k-1]-F)$ 是 $G'-F$ 的一个分数完美匹配。如果 a_1 是 G_1-F_1 的孤立点且 $(a_k,a_1)\in F$,那么 F 是 G' 的一个平凡的分数匹配排除集。

□

由引理 4.3.4 和引理 4.3.5 可得出以下结论。

推论 4.3.2 设 $n(\geqslant 3)$ 为整数且对任意的 $i\in[1,n]$,$k_i(\geqslant 3)$ 均为奇数。则 $C_{k_1}\square C_{k_2}\square\cdots\square C_{k_n}$ 是超分数匹配的。

根据推论 4.3.1 和推论 4.3.2,我们刻画了 n-维环面网络的最小分数匹配排除集。

定理 4.3.1 设对任意的 $i\in[1,n]$,$k_i(\geqslant 3)$ 均为整数。如果 $n(\geqslant 3)$ 为整数,那么 $C_{k_1}\square C_{k_2}\square\cdots\square C_{k_n}$ 是超分数匹配的。

4.4 n 维环面网络的最小条件分数匹配排除集

本小节主要刻画了 n 维环面网络的最小条件分数匹配排除集。

引理 4.4.1 设 G 是偶数阶的图且 $\delta(G)\geqslant 3$,如果 G 是超条件匹配的,那么 G 是超条件分数匹配的。

证明 显然,$\mathrm{mp}_1(G)\leqslant \mathrm{fmp}_1(G)$。因为 G 是超条件匹配的,由引理 4.2.2 可知 $\mathrm{mp}_1(G)=\mathrm{fmp}_1(G)$。设 F 是 G 的最小条件分数匹配排除集,则 F 也是 G 的最小条件匹配排除集。因为 G 是超条件匹配的,所以 F 是 G 平凡的条件匹配排除集。即 F 是 G 平凡的条件分数匹配排除集。

□

引理 4.4.2[3] 设 $k_1(\geqslant 4)$ 为偶数,对任意的 $i\in[2,n]$,$k_i(\geqslant 4)$ 均为整数。如果 $n(\geqslant 3)$ 为整数,那么 $C_{k_1}\square C_{k_2}\square\cdots\square C_{k_n}$ 是超条件匹配的。

由引理 4.4.1 和引理 4.4.2 可知,偶数阶的 n 维环面网络是超条件分数匹配的,其中 $n\geqslant 3$。

定理 4.4.1 设 $k_1(\geqslant 4)$ 为偶数,对任意的 $i\in[2,n]$,$k_i(\geqslant 4)$ 均为整数。如果 $n(\geqslant 3)$ 为整数,则 $C_{k_1}\square C_{k_2}\square\cdots\square C_{k_n}$ 是超条件分数匹配的。

接下来,我们讨论奇数阶的 n 维环面网络的条件分数匹配排除数,以及刻画其最小的条件分数匹配排除集。

引理 4.4.3 设 G 是奇数阶的 r-正则连通图,其中 $r(\geqslant 4)$ 为偶数。令 $G':=G\square C_k$,其中 $k(\geqslant 5)$ 为奇数,且 G' 不含三角形。如果 G 是 $(r-2)$-哈密尔顿的,$\mathrm{fmp}(G)=r$,$\mathrm{mp}(G)=2r-1$,那么 G' 是超条件分数匹配的。

证明 显然,G' 是 $(r+2)$-正则的。由引理 4.2.2 可知 $\mathrm{fmp}_1(G')\leqslant 2r+2$。设 $F\subseteq E(G')$,$|F|\leqslant 2r+2$ 并且 $\delta(G'-F)\geqslant 1$。只需要证明 $G'-F$ 含有一个分数完美匹配或者 F 是一个平凡的条件分数匹配排除集。不失一般性,设 $|F_1|=\max\{|F_j|:1\leqslant j\leqslant k\}$。

□

断言:如果 $|F_1|\leqslant r-1$ 或者 $|F_1|\geqslant 2r-1$,那么 $G'-F$ 含有一个分数完美匹配。

如果 $|F_1|\leqslant r-1$,因为 $|F_1|=\max\{|F_j|:1\leqslant j\leqslant k\}$,所以对于任意的 $i\in[1,k]$ 均有 $|F_i|<r$。由引理 4.3.3(15)可知 $G'-F$ 含有一个分数完美匹配。

接下来,考虑 $|F_1|\geqslant 2r-1$ 的情形。显然,对于任意的 $i\in[2,k]$ 均有 $|F_i|\leqslant|F\backslash F_1|\leqslant 3<r$。由引理 4.3.3(14)可知 $G[p,q]-F$ 含有一个分数完美匹配,其中 $2\leqslant p<q\leqslant k$。如果 $|F_{1,2}|=0$ 或者 $|F_{k,1}|=0$,那么 $\mathbf{1}(M_{1,2})\cup\mathscr{F}(G[3,k]-F)$ 或者 $\mathbf{1}(M_{k,1})\cup\mathscr{F}(G[2,k-1]-F)$ 是 $G'-F$ 的一个分数完美匹配。如果 $|F_{1,2}|\geqslant 1$ 且 $|F_{k,1}|\geqslant 1$,因为 $|F\backslash F_1|\leqslant 3$,可以设 $|F_{1,2}|=1$ 且 $F_{1,2}=\{(a_1,a_2)\}$。若 $d_{G_1-F_1}(a_1)\geqslant 1$ 且 $|F_2|=0$,由引理 4.3.3(4)可知 $G[1,2]-F$ 含有一个分数

完美匹配。则 $\mathscr{F}(G[1,2]-F)\cup\mathscr{F}(G[3,k]-F)$ 是 $G'-F$ 的一个分数完美匹配。若 $d_{G_1-F_1}(a_1)\geqslant 1$ 且 $|F_2|\geqslant 1$，由引理 4.3.3(10)可知 $G[1,3]-F$ 含有分数完美匹配。因此，$\mathscr{F}(G[1,3]-F)\cup\mathbf{1}(\bigcup_{t=2}^{\frac{k-1}{2}}M_{2t,2t+1})$ 是 $G'-F$ 的一个分数完美匹配。若 $d_{G_1-F_1}(a_1)=0$ 且 $|F_k|=0$，因为 $\delta(G'-F)\geqslant 1$，所以 $(a_k,a_1)\notin F$。因为 G_2 是 r-正则的且 $|F|-|F_1|-|F_{1,2}|\leqslant 2$，所以存在点 $b_2\in N_{G_2}(a_2)$ 使得 $(a_2,b_2)\notin F$ 并且 $(b_k,b_1)\notin F$。因为 G_k 是 $(r-2)$-哈密尔顿的，所以 $G_k-\{a_k,b_k\}$ 含有一个哈密尔顿圈，即含有一个分数完美匹配。因此，$\mathbf{1}\{M_{1,2}\cup\{(a_k,a_1),(b_k,b_1),(a_2,b_2)\}\backslash\{(a_1,a_2),(b_1,b_2)\}\}\cup\mathscr{F}(G_k-\{a_k,b_k\})\cup\mathscr{F}(G[3,k-1]-F)$ 是 $G'-F$ 的一个分数完美匹配。若 $d_{G_1-F_1}(a_1)=0$ 且 $|F_k|\geqslant 1$，由引理 4.3.3(11)可知 $G[k,3]-F$ 含有一个分数完美匹配。因此，$\mathscr{F}(G[k,3]-F)\cup\mathscr{F}(G[4,k-1]-F)$ 是 $G'-F$ 的一个分数完美匹配。

由以上断言，可以设 $r\leqslant|F_1|\leqslant 2r-2$。因为 $|F_1|<\mathrm{mp}(G)$ 且 $|F_1|=\max\{|F_j|:1\leqslant j\leqslant k\}$，所以我们用 M_i 表示 G_i-F_i 的几乎完美匹配，其中 $i\in[1,k]$。根据 G_1-F_1 是否含有孤立点，分以下两种情形讨论。

情形 1　G_1-F_1 含有一个孤立点，记为 a_1。

因为 M_1 是 G_1-F_1 的几乎完美匹配且 $d_{G_1-F_1}(a_1)=0$，所以 M_1 恰好没有覆盖点 a_1。

如果对于任意的 $i\in[2,k]$ 均有 $|F_i|\leqslant r-2$，那么 $G[2,k-1]-F$ 和 $G[3,k]-F$ 都含有分数完美匹配。因为 $\delta(G'-F)\geqslant 1$ 且 $d_{G_1-F_1}(a_1)=0$，所以 $(a_1,a_2)\notin F$ 或者 $(a_k,a_1)\notin F$。根据引理 4.3.3(1)或者引理 4.3.3(2)，$G[1,2]-F$ 或者 $G[k,1]-F$ 含有分数完美匹配。因此，$\mathscr{F}(G[1,2]-F)\cup\mathscr{F}(G[3,k]-F)\}$ 或者 $\mathscr{F}(G[k,1]-F)\cup\mathscr{F}(G[2,k-1]-F)$ 是 $G'-F$ 的一个分数完美匹配。

如果存在整数 $i\in[2,k]$ 使得 $|F_i|\geqslant r+1$，因为 $|F|\leqslant 2r+2$ 且 $|F_1|=\max\{|F_j|:1\leqslant j\leqslant k\}$，所以 $F=F_1\cup F_i$。因此，$\mathbf{1}(\cdots\cup M_{i-1,i}\cup M_{i+2,i+3}\cup\cdots)\cup\mathscr{F}(G_{i+1})$ 是 $G'-F$ 的一个分数完美匹配。

接下来，我们讨论存在整数 $i\in[2,k]$ 使得 $r-1\leqslant|F_i|\leqslant r$，根据对称性，可以设 i 是奇数。

情形 1.1　$|F_i|=r-1$，即 $|F|-|F_1|-|F_i|\leqslant 3<r$。

由引理 4.3.3(14)，$G[p,q]-F$ 含有一个分数完美匹配，其中 $2\leqslant p<q\leqslant k$。如果 $|F_{1,2}|=0$ 或者 $|F_{k,1}|=0$，那么 $\mathbf{1}(M_{1,2})\cup\mathscr{F}(G[3,k]-F)$ 或 $\mathbf{1}(M_{k,1})\cup\mathscr{F}(G[2,k-1]-F)$ 是 $G'-F$ 的一个分数完美匹配。如果 $|F_{1,2}|\geqslant 1$，$|F_{k,1}|\geqslant 1$ 且 $(a_1,a_2)\notin F$，那么 $|F_2|\leqslant 1$。由引理 4.3.3(1)可知 $G[1,2]-F$ 含有一个分数完美匹配。因此，$\mathscr{F}(G[1,2]-F)\cup\mathscr{F}(G[3,k]-F)$ 是 $G'-F$ 的一个分数完美匹配。如果 $|F_{1,2}|\geqslant 1$，$|F_{k,1}|\geqslant 1$ 且 $(a_1,a_2)\in F$，因为 $\delta(G'-F)\geqslant 1$，所以 $(a_k$，

$a_1)\notin F$。若 $i\neq k$，因为$|F_k|\leqslant 1$，所以由引理 4.3.3(2)可知 $G[k,1]-F$ 含有分数完美匹配。因此，$\mathscr{F}(G[k,1]-F)\cup\mathscr{F}(G[2,k-1]-F)$是 $G'-F$ 的一个分数完美匹配。若 $i=k$ 且$|F_{1,2}|+|F_{k,1}|>2$，则 $F=F_1\cup F_k\cup F_{1,2}\cup F_{k,1}$。由引理 4.3.3(12)，$G[k-2,1]-F$ 含有一个分数完美匹配。因此，$\mathscr{F}(G[k-2,1]-F)\cup\mathscr{F}(G[2,k-3]-F)$是 $G'-F$ 的一个分数完美匹配。

接下来，我们讨论 $i=k$ 且$|F_{1,2}|+|F_{k,1}|=2$ 时的情形。设 $F_{k,1}=\{(b_k,b_1)\}$。因为 $G'-F$ 不含孤立点，所以 $b_1\neq a_1$。如果$(b_{k-1},b_k)\notin F$，由引理 4.3.3(11)可知 $G[k-1,2]-F$ 含有一个分数完美匹配。因此，$\mathscr{F}(G[k-1,2]-F)\cup\mathscr{F}(G[3,k-2]-F)$是 $G'-F$ 的一个分数完美匹配。如果$(b_{k-1},b_k)\in F$，那么$|F_k|=r-1$且 $F_1=IG_1(a_1)$。若 $F_k\not\subseteq I_{G_k}(b_k)$，因为 G_k 是 r-正则的且$|F_k|=r-1$，我们可以设$(b_k,c_k)\in E(G_k-F_k)$且 $c_k\neq a_k$。因此，$\mathbf{1}\{M_{k,1}\cup\{(b_1,c_1),(b_k,c_k)\}\backslash\{(b_k,b_1),(c_k,c_1)\}\}\cup\mathscr{F}(G[2,k-1]-F)$是 $G'-F$ 的一个分数完美匹配。若 $F_k\subseteq I_{G_k}(b_k)$，令$(b_k,c_k)\in E(G_k-F_k)$。假设 $c_k\neq a_k$，通过类似上述讨论，我们可以得出 $G'-F$ 含有一个分数完美匹配的结论。假设 $c_k=a_k$，那么 $a_1a_kb_k$ 是$G'-F$ 中的一条 2 长路，其中 $d_{G'-F}(a_1)=d_{G'-F}(b_k)=1$。即 F 是G'的一个平凡的条件分数匹配排除集。

情形 1.2 $|F_i|=r$，即$|F|-|F_1|-|F_i|\leqslant 2\leqslant r-2$。

考虑 $i=k$ 时的情形。由引理 4.3.3(14)可知 $G[p,q]-F$ 含有一个分数完美匹配，其中 $2\leqslant p<q\leqslant k-1$。如果$|F_{k,1}|=0$，那么 $\mathbf{1}(M_{k,1})\cup\mathscr{F}(G[2,k-1]-F)$是 $G'-F$ 的一个分数完美匹配。如果$|F_{k,1}|\geqslant 1$ 且$(a_1,a_2)\in F$，那么 $F=F_1\cup F_k\cup F_{1,2}\cup F_{k,1}$。因为 $\delta(G'-F)\geqslant 1$，所以$(a_k,a_1)\notin F$。根据引理 4.3.3(12)，$G[k-2,1]-F$ 含有一个分数完美匹配。因此，$\mathscr{F}(G[k-2,1]-F)\cup\mathscr{F}(G[2,k-3]-F)$是 $G'-F$ 的一个分数完美匹配。如果$|F_{k,1}|\geqslant 1$ 且$(a_1,a_2)\notin F$，由引理 4.3.3(1)可知 $G[1,2]-F$ 含有一个分数完美匹配。若$|F_{k-1,k}|=0$，则 $\mathscr{F}(G[1,2]-F)\cup\mathscr{F}(G[3,k-2]-F)\cup\mathbf{1}(M_{k-1},k)$是 $G'-F$ 的一个分数完美匹配。若$|F_{k-1,k}|\geqslant 1$，则$|F_{k-1,k}|=1$。设 $F_{k-1,k}=\{(b_{k-1},b_k)\}$。当 $F_k\neq I_{G_k}(b_k)$，由引理 4.3.3(5)可知 $G[k-1,k]-F$ 含有一个分数完美匹配。因此，$\mathscr{F}(G[1,2]-F)\cup\mathscr{F}(G[3,k-2]-F)\cup\mathscr{F}(G[k-1,k]-F)$是 $G'-F$ 的一个分数完美匹配。当 $F_k=I_{G_k}(b_k)$，因为 $\delta(G'-F)\geqslant 1$，所以$(b_k,b_1)\neq F$。又因为 $\mathrm{mp}(G_k)=2r-1$ 且 $F_k=I_{G_k}(b_k)$，即点 b_k 就是 G_k-F_k 的几乎完美匹配 M_k 没有覆盖的点。由引理 4.3.3(13)可知 $G[k,3]-F$ 含有一个分数完美匹配。因此，$\mathscr{F}(G[k,3]-F)\cup\mathscr{F}(G[4,k-1]-F)$是 $G'-F$ 的一个分数完美匹配。

考虑 $i\leqslant k-2$ 且$|F_{k,1}|=0$ 时的情形。由引理 4.3.3(14)可知 $G[p,q]-F$ 含有一个分数完美匹配，其中 $2\leqslant p<q\leqslant i-1$ 或者 $i+1\leqslant p<q\leqslant k$。如果

$G[i-1,i]-F$ 或者 $G[i,i+1]-F$ 含有一个分数完美匹配，那么 $\mathbf{1}(M_{k,1})\cup\mathscr{F}(G[2,i-2]-F)\cup\mathscr{F}(G[i-1,i]-F)\cup\mathscr{F}(G[i+1,k-1]-F)$ 或者 $\mathbf{1}(M_{k,1})\cup\mathscr{F}(G[2,i-1]-F)\cup\mathscr{F}(G[i,i+1]-F)\cup\mathscr{F}(G[i+2,k-1]-F)$ 是 $G'-F$ 的一个分数完美匹配。如果 $G[i-1,i]-F$ 和 $G[i,i+1]-F$ 都不含分数完美匹配，由引理 4.3.3(6)可知 $|F_{i-1,i}|\geqslant 1$ 且 $|F_{i,i+1}|\geqslant 1$。即 $|F_i|=r$ 且 $|F_{i-1,i}|=|F_{i,i+1}|=1$。设 $F_{i-1,i}=\{(b_{i-1},b_i)\}$ 且 $F_{i,i+1}=\{(c_i,c_{i+1})\}$。由引理 4.3.3(8)和引理 4.3.3(9)可知 $F_i=I_{G_i}(b_i)=I_{G_i}(c_i)$。即 $b_i=c_i$ 且 b_i 是 $G'-F$ 的一个孤立点，与 $\delta(G'-F)\geqslant 1$ 矛盾。

考虑 $i\leqslant k-2$ 且 $|F_{k,1}|\geqslant 1$ 时的情形。显然，$|F_{i-1,i}|=0$ 或者 $|F_{i,i+1}|=0$。由引理 4.3.3(14)可知 $G[p,q]-F$ 含有一个分数完美匹配，其中 $2\leqslant p<q\leqslant i-1$ 或者 $i+1\leqslant p<q\leqslant k$。如果 $|F_{1,2}|\geqslant 1$，那么 $|F_1|=|F_i|=r$ 且 $|F_{1,2}|=|F_{k,1}|=1$。因为 $d_{G_1-F_1}(a_1)=0$ 且 $d_{G'-F}(a_1)>0$，所以 $(a_1,a_2)\notin F$ 或者 $(a_k,a_1)\notin F$。由引理 4.3.3(1)或者引理 4.3.3(2)可知 $G[1,2]-F$ 或者 $G[k,1]-F$ 含有一个分数完美匹配。因此，$\mathscr{F}(G[1,2]-F)\cup\mathbf{1}(\bigcup_{s=1}^{\frac{k-3}{2}}M_{2s+1,2s+2})\cup\mathscr{F}(G_k)$ 或者 $\mathscr{F}(G[k,1]-F)\cup\mathbf{1}(\bigcup_{t=1}^{\frac{k-3}{2}}M_{2t,2t+1})\cup\mathscr{F}(G_{k-1})$ 是 $G'-F$ 的一个分数完美匹配。如果 $|F_{1,2}|=0$ 且 $i\geqslant 5$，那么 $\mathbf{1}(M_{1,2})\cup\mathscr{F}(G[3,i-2]-F)\cup\mathbf{1}(M_{i-1,i})\cup\mathscr{F}(G[i+1,k]-F)$ 或者 $\mathbf{1}(M_{1,2})\cup\mathscr{F}(G[3,i-1]-F)\cup\mathbf{1}(M_{i,i+1})\cup\mathscr{F}(G[i+2,k]-F)$ 是 $G'-F$ 的一个分数完美匹配。

接下来，我们讨论 $|F_{1,2}|=0$ 且 $i=3$ 时的情形。由引理 4.3.3(14)可知 $G[5,k]-F$ 含有一个分数完美匹配。如果 $G[3,4]-F$ 含有一个分数完美匹配，那么 $\mathbf{1}(M_{1,2})\cup\mathscr{F}(G[3,4]-F)\cup\mathscr{F}(G[5,k]-F)$ 是 $G'-F$ 的一个分数完美匹配。如果 $G[3,4]-F$ 不含分数完美匹配，那么 $|F_{3,4}|\geqslant 1$。因为 $|F|\leqslant 2r+2$，所以 $|F_{3,4}|=1$，设 $F_{3,4}=\{(b_3,b_4)\}$。由引理 4.3.3(9)可知 $F_3=I_{G_3}(b_3)$。若 $b_1\neq a_1$，因为 G 是$(r-2)$-哈密尔顿的，所以 $G_2-\{a_2,b_2\}$ 和 $G_3-\{b_3\}-F_3=G_3-\{b_3\}$ 都含有哈密尔顿圈，即都含有分数完美匹配。因此，$\mathbf{1}\{M_1\cup\{(a_1,a_2),(b_2,b_3)\}\}\cup\mathscr{F}(G_2-\{a_2,b_2\})\cup\mathscr{F}(G_3-\{b_3\})\cup\mathscr{F}(G[4,k])$ 是 $G'-F$ 的一个分数完美匹配。若 $b_1=a_1$ 且 $F_{k,1}\neq\{(a_k,a_1)\}$，由引理 4.3.3(2)可知 $G[k,1]-F$ 含有一个分数完美匹配。因此，$\mathscr{F}(G[k,1]-F)\cup\mathbf{1}(\bigcup_{t=1}^{\frac{k-3}{2}}M_{2t,2t+1})\cup\mathscr{F}(G_{k-1})$ 是 $G'-F$ 的一个分数完美匹配。若 $b_1=a_1$ 且 $F_{k,1}=\{(a_k,a_1)\}$，则 $a_1a_2a_3$ 是一条 2 长路，其中 $d_{G'-F}(a_1)=d_{G'-F}(a_3)=1$。即 F 是 G' 的一个平凡的条件分数匹配排除集。

情形 2　G_1-F_1 不含孤立点。

设 G_1-F_1 的几乎完美匹配 M_1 没有覆盖点 $a_1\in V(G_1-F_1)$。

情形 2.1 $\{(a_1,a_2),(a_k,a_1)\}\not\subseteq F$。不失一般性，设$(a_1,a_2)\notin F$。

由于其他情形与情形 1 类似，我们只考虑存在整数 $i\in[2,k]$满足 $r-1\leqslant|F_i|\leqslant r$ 的情形。

情形 2.1.1 存在 $i\in[2,k]$满足$|F_i|=r-1$。

我们只考虑$|F_{1,2}|\geqslant1$，$|F_{k,1}|\geqslant1$ 且 $i=2$ 时的情况，因为其他情况的证明类似情形 1.1。根据引理 4.3.3(14)，$G[p,q]-F$ 含有一个分数完美匹配，其中 $2\leqslant p<q\leqslant k$。因为 G_1-F_1 不含孤立点，可以设$(a_1,b_1)\in E(G_1-F_1)$和$(b_1,c_1)\in M_1$。因此，$M_1\cup(a_1,b_1)\setminus(b_1,c_1)$是 G_1-F_1 中没有覆盖点 c_1 的一个几乎完美匹配。如果$(a_k,a_1)\notin F$ 或者$(c_k,c_1)\notin F$，那么由引理 4.3.3(2)可知 $G[k,1]-F$含有一个分数完美匹配。因此，$\mathscr{F}(G[k,1]-F)\cup\mathscr{F}(G[2,k-1]-F)$是 $G'-F$ 的一个分数完美匹配。如果$(a_k,a_1)\in F$ 且$(c_k,c_1)\in F$，那么$|F_{1,2}|=1$。由引理 4.3.3(10)，$G[1,3]-F$ 含有一个分数完美匹配。因此，$\mathscr{F}(G[1,3]-F)\cup\mathscr{F}(G[4,k]-F)$是 $G'-F$ 的一个分数完美匹配。

情形 2.1.2 存在 $i\in[2,k]$满足$|F_i|=r$。

如果 $i=k$，通过类似情形 1.2($i=k$)的讨论，可以证明 $G'-F$ 含有一个分数完美匹配。

讨论 $i=2$ 的情形。由引理 4.3.3(14)，$G[p,q]-F$ 含有一个分数完美匹配，其中 $3\leqslant p<q\leqslant k$。如果$|F_{1,2}|=0$，那么$\mathbf{1}(M_{1,2})\cup\mathscr{F}(G[3,k]-F)$是$G'-F$ 的一个分数完美匹配。如果$|F_{1,2}|\geqslant1$，那么$|F_{k,1}|+|F_k|\leqslant1$。根据引理 4.3.3(6)或者引理 4.3.3(5)，$G[k,1]-F$ 含有一个分数完美匹配。假设 $G[2,3]-F$ 含有一个分数完美匹配，那么 $\mathscr{F}(G[k,1]-F)\cup\mathscr{F}(G[2,3]-F)\cup\mathscr{F}(G[4,k-1]-F)$是 $G'-F$ 的一个分数完美匹配。假设 $G[2,3]-F$ 不含分数完美匹配，那么由引理 4.3.3(6)可知$|F_{2,3}|\geqslant1$。因为$|F|\leqslant2r+2$，所以$|F_1|=|F_2|=r$ 且$|F_{1,2}|=|F_{2,3}|=1$。设 $F_{2,3}=\{(b_2,b_3)\}$。根据引理 4.3.3(9)，$F_2=I_{G_2}(b_2)$。这意味着 $b_2\in V(G_2-F_2)$没有被 M_2 所覆盖。因为$\delta(G'-F)\geqslant1$，所以$(b_1,b_2)\notin F$。由引理 4.3.3(12)可知，$G[k-1,2]-F$ 含有一个分数完美匹配。因此，$\mathscr{F}(G[k-1,2]-F)\cup\mathscr{F}(G[3,k-2]-F)$是 $G'-F$ 的一个分数完美匹配。

讨论 $i\notin\{2,k\}$的情形。由引理 4.3.3(1)可知，$G[1,2]-F$ 含有一个分数完美匹配。图 $G[p,q]-F$ 含有一个分数完美匹配，其中 $3\leqslant p<q\leqslant i-1$ 或者 $i+1\leqslant p<q\leqslant k$。如果$|F_{i,i+1}|=0$，所以 $\mathscr{F}(G[1,2]-F)\cup\mathscr{F}(G[3,i-1]-F)\cup\mathbf{1}(M_{i,i+1})\cup\mathscr{F}(G[i+2,k]-F)$是 $G'-F$ 的一个分数完美匹配。如果$|F_{i,i+1}|\geqslant1$ 且$|F_{k,1}|=0$，所以 $\mathbf{1}(M_{k,1})$是 $G[k,1]-F$ 的一个分数完美匹配。假设 $G[i-1,i]-F$ 含有一个分数完美匹配，所以 $\mathscr{F}(G[k,1]-F)\cup\mathscr{F}(G[2,i-2]-F)\cup\mathscr{F}(G[i-1,i]-F)\cup\mathscr{F}(G[i+1,k-1]-F)$是 $G'-F$ 的一个分数完

美匹配。假设 $G[i-1,i]-F$ 不含分数完美匹配，由引理 4.3.3(6)可知 $|F_{i-1,i}|\geqslant 1$。因为 $|F|\leqslant 2r+2$，所以 $|F_{i-1,i}|=|F_{i,i+1}|=1$，不妨设 $F_{i-1,i}=\{(b_{i-1},b_i)\}$。根据引理 4.3.3(8)，$F_i=I_{G_i}(b_i)$。因为 $G'-F$ 不含孤立点，所以 $(b_i,b_{i+1})\notin F$。由引理 4.3.3(4)可知 $G[i,i+1]-F$ 含有一个分数完美匹配。因此，$\mathscr{F}(G[1,2]-F)\cup\mathscr{F}(G[3,i-1]-F)\cup\mathscr{F}(G[i,i+1]-F)\cup\mathscr{F}(G[i+2,k]-F)$ 是 $G'-F$ 的一个分数完美匹配。如果 $|F_{i,i+1}|\geqslant 1$ 且 $|F_{k,1}|\geqslant 1$，所以 $|F_{i,i+1}|=|F_{k,1}|=1$。由引理 4.3.3(5)可知，$G[k,1]-F$ 含有一个分数完美匹配。因此，$\mathscr{F}(G[k,1]-F)\cup\mathscr{F}(G[2,i-2]-F)\cup\mathbf{1}(M_{i-1,i})\cup\mathscr{F}(G[i+1,k-1]-F)$ 是 $G'-F$ 的一个分数完美匹配。

情形 2.2　$\{(a_1,a_2),(a_k,a_1)\}\subseteq F$。

因为 G_1-F_1 不含有孤立点，可以设 $(a_1,b_1)\in E(G_1-F_1)$ 且 $(b_1,c_1)\in M_1$。显然，$M_1\cup(a_1,b_1)\backslash(b_1,c_1)$ 是 G_1-F_1 中没有覆盖点 $c_1(\neq a_1)$ 的一个几乎完美匹配。设 $d_{G_1-F_1}(a_1)=t$ 且 $d_{G_1-F_1}(c_1)=s$。因此，G_1-F_1 中至少含有 $t+1$ 个没有覆盖不同点的几乎完美匹配，记为 $\{a_1,c_1,d_1,\cdots,x_1\}$。如果 $\{(c_1,c_2),(c_k,c_1),(d_1,d_2),\cdots,(x_1,x_2),(x_k,x_1)\}\not\subseteq F$，类似情形 2.1，可以证明 $G'-F$ 含有一个分数完美匹配。如果 $\{(c_1,c_2),(c_k,c_1),(d_1,d_2),\cdots,(x_1,x_2),(x_k,x_1)\}\subseteq F$，那么 $(2r-t-s)+(2+2t)\leqslant|F_1|+|F_{1,2}|+|F_{k,1}|\leqslant 2r+2$ 且 $t\leqslant s$。因为 $M_1\cup(a_1,b_1)\backslash(b_1,c_1)$ 是 G_1-F_1 当中没有覆盖点 c_1 的几乎完美匹配且 $d_{G_1-F_1}(c_1)=s$，通过类似上述讨论可知，$(2r-t-s)+(2+2s)\leqslant|F_1|+|F_{1,2}|+|F_{k,1}|\leqslant 2r+2$，即 $s\leqslant t$。因此，$t=s$。

如果 $t\geqslant 2$，设 $\{b_1,y_1\}\subseteq N_{G_1-F_1}(a_1)$。因为 G_1 不含有三角形，所以 $y_1\neq c_1$。设 $(y_1,z_1)\in M_1$。因此，$M_1\cup(a_1,y_1)\backslash(y_1,z_1)$ 是 G_1-F_1 中不覆盖点 z_1 的几乎完美匹配。通过类似上述讨论可知，$d_{G_1-F_1}(z_1)=d_{G_1-F_1}(a_1)=d_{G_1-F_1(c1)=}t$。即 $|F_1|\geqslant(r-t)+(r-t)+(r-t-1)$ 且 $(3r-3t-1)+(2t+2)\leqslant|F_1|+|F_{1,2}|+|F_{k,1}|\leqslant 2r+2$。计算可得 $t\geqslant r-1$。因此，$|F_{1,2}|+|F_{k,1}|\geqslant 2t+2\geqslant 2r$ 且 $|F_1|\leqslant 2<r$，矛盾。如果 $t=1$，因为 $\{(a_1,a_2),(a_k,a_1),(c_1,c_2),(c_k,c_1)\}\subseteq F$，所以 $a_1b_1c_1$ 是一条 2 长路，其中 $d_{G'-F}(a_1)=d_{G'-F}(c_1)=1$。即 F 是 G' 的一个平凡的条件分数匹配排除集。

□

引理 4.4.4　设 G 是一个 r-正则的奇数阶连通图，其中 $r(\geqslant 4)$ 为偶数。令 $G':=G\square C_3$。如果 G 是 $(r-2)$-哈密尔顿的，$\mathrm{fmp}(G)=r$ 且 $\mathrm{mp}(G)\geqslant 2r-2$，那么 G' 是超条件分数匹配的。

证明　显然，G' 是 $(r+2)$-正则的。由引理 4.2.2 可知，$\mathrm{fmp}_1(G')\leqslant 2r+1$。

设 $F\subseteq E(G')$，$|F|\leqslant 2r+1$ 且 $\delta(G'-F)\geqslant 1$。只需要证明 $G'-F$ 含有一个分数完美匹配或者 F 是一个平凡的条件分数匹配排除集。不失一般性，设 $|F_1|=\max\{|F_j|:1\leqslant j\leqslant 3\}$。

断言　如果 $|F_1|\leqslant r-1$ 或者 $|F_1|\geqslant 2r-2$，那么 $G'-F$ 含有一个分数完美匹配。

因为其他情形类似引理 4.4.3(断言)，我们只需考虑 $|F_1|=2r-2$，$|F_{1,2}|=|F_{3,1}|=|F_3|=1$ 且 $d_{G_1-F_1}(a_1)=0$，其中 $F_{1,2}=\{(a_1,a_2)\}$。因为 G 是 $(r-2)$-哈密尔顿的，所以 $G_3-\{a_3\}-F_3$ 和 $G_1-\{a_1\}-F_1=G_1-\{a_1\}-\{F_1\setminus I_{G_1}(a_1)\}$ 都含有偶数阶的哈密尔顿路，即都含有分数完美匹配。因此，$\mathscr{F}(G_1-\{a_1\}-F_1)\cup\mathscr{F}(G_3-\{a_3\}-F_3)\cup\mathscr{F}(G_2)\cup\mathbf{1}\{(a_3,a_1)\}$ 是 $G'-F$ 的一个分数完美匹配。

因此，可以设 $r\leqslant|F_1|\leqslant 2r-3$。因为 $|F_1|<2r-2$ 且 $|F_1|=\max\{|F_j|:1\leqslant j\leqslant 3\}$，所以对于任意的 $i\in[1,3]$ 均可以用 M_i 表示 G_i-F_i 的一个几乎完美匹配。根据 G_1-F_1 是否含有孤立点，考虑以下两种情形。

情形 1　G_1-F_1 含有一个孤立点，记为 a_1。

因为 $I_{G_1}(a_1)\subseteq F_1$，所以 $a_1\in V(G_1-F_1)$ 就是 M_1 没有覆盖的点。因为其他情形与引理 4.4.3(情形 1)类似，我们只需考虑存在某一个整数 $i\in[2,3]$ 满足 $r-1\leqslant|F_i|\leqslant r$。不失一般性，设 $i=3$。

情形 1.1　$|F_3|=r-1$。

显然，$|F_2|\leqslant|F|-|F_1|-|F_3|\leqslant 2<r$。因此，$G_2-F_2$ 和 G_3-F_3 都含有分数完美匹配。如果 $|F_{1,2}|=0$ 或者 $|F_{3,1}|=0$，所以 $\mathbf{1}(M_{1,2})\cup\mathscr{F}(G_3-F_3)$ 或者 $\mathbf{1}(M_{3,1})\cup\mathscr{F}(G_2-F_2)$ 是 $G'-F$ 的一个分数完美匹配。如果 $|F_{1,2}|\geqslant 1$ 且 $|F_{3,1}|\geqslant 1$，所以 $|F_{1,2}|=|F_{3,1}|=1$。若 $(a_1,a_2)\notin F$，由引理 4.3.3(1)可知 $G[1,2]-F$ 含有一个分数完美匹配。因此，$\mathscr{F}(G[1,2]-F)\cup\mathscr{F}(G_3-F_3)$ 是 $G'-F$ 的一个分数完美匹配。若 $(a_1,a_2)\in F$，因为 $\delta(G'-F)\geqslant 1$，所以 $(a_3,a_1)\notin F$。设 G_3-F_3 的几乎完美匹配没有覆盖点 b_3。假设 $b_3=a_3$，那么 $\mathbf{1}\{M_1\cup M_3\cup(a_3,a_1)\}\cup\mathscr{F}(G_2-F_2)$ 是 $G'-F$ 的一个分数完美匹配。假设 $b_3\neq a_3$，设 $(a_3,c_3)\in M_3$。因为 G_2 是 $(r-2)$-哈密尔顿的，所以 $G_2-\{b_2,c_2\}$ 含有一个哈密尔顿圈，即含有一个分数完美匹配。因此，$\mathbf{1}\{M_1\cup M_3\cup\{(a_3,a_1),(c_2,c_3),(b_2,b_3)\}\setminus(a_3,c_3)\}\cup\mathscr{F}(G_2-\{b_2,c_2\})$ 是 $G'-F$ 的一个分数完美匹配。

情形 1.2　$|F_3|=r$。

显然，$|F|-|F_1|-|F_3|\leqslant 1$ 且 $|F_2|<\mathrm{fmp}(G_2)$。因此，G_2-F_2 含有一个分数完美匹配。如果 $|F_{3,1}|=0$，那么 $\mathbf{1}(M_{3,1})\cup\mathscr{F}(G_2-F_2)$ 是 $G'-F$ 的一个分数完美匹配。如果 $|F_{3,1}|\geqslant 1$，那么 $|F_1|=|F_3|=r$ 且 $|F_{3,1}|=1$。假设 (a_3,a_1)

$\notin F$，点集$\{a_1,a_2,a_3\}$在 $G'-F$ 中可以导出一个 3-长圈，即含有一个分数完美匹配，则 $\mathscr{F}(G'[\{a_1,a_2,a_3\}])\cup\mathbf{1}\{M_1\cup M_{2,3}\backslash(a_2,a_3)\}$是 $G'-F$ 的一个分数完美匹配。假设$(a_3,a_1)\in F$，设 M_3 没有覆盖点 $b_3\in V(G_3-F_3)$。若 $b_3\neq a_3$，因为 G_2 是$(r-2)$-哈密尔顿的，所以 $G_2-\{a_2,b_2\}$含有一个哈密尔顿圈，即含有一个分数完美匹配。因此，$\mathbf{1}\{M_1\cup M_3\cup\{(a_1,a_2),(b_2,b_3)\}\}\cup\mathscr{F}(G_2-\{a_2,b_2\})$是 $G'-F$ 的一个分数完美匹配。若 $b_3=a_3$ 且 $d_{G_3-F_3}(b_3)>0$，则 G_3-F_3 含有一个可以覆盖点 a_3 的几乎完美匹配。类似上述讨论，可以证明 $G'-F$ 含有一个分数完美匹配。若 $b_3=a_3$ 且 $d_{G_3-F_3}(b_3)=0$，所以 $a_1a_2a_3$ 是一条 2-长路，其中 $d_{G'-F}(a_1)=d_{G'-F}(a_3)=1$。即 F 是G'的一个平凡的条件分数匹配排除集。

情形 2　G_1-F_1 不含孤立点。

设 M_1 没有覆盖点 $a_1\in V(G_1-F_1)$。

情形 2.1　$\{(a_1,a_2),(a_3,a_1)\}\not\subseteq F$。不失一般性，设$(a_1,a_2)\notin F$。

因为其他情形类似引理 4.4.3(情形 2.1)，我们只考虑存在整数 $i\in[2,3]$满足 $r-1\leqslant|F_i|\leqslant r$。

情形 2.1.1　存在整数 $i\in\{2,3\}$满足$|F_i|=r-1$，即$|F|-|F_1|-|F_i|\leqslant 2$。

如果 $i=3$，那么由引理 4.3.3(1)可知 $G[1,2]-F$ 含有一个分数完美匹配。因为$|F_3|<r$，所以 G_3-F_3 含有一个分数完美匹配。因此，$\mathscr{F}(G[1,2]-F)\cup\mathscr{F}(G_3-F_3)$是 $G'-F$ 的一个分数完美匹配。考虑 $i=2$ 时的情形。如果$(a_3,a_1)\notin F$，所以由引理 4.3.3(2)可知 $G[3,1]-F$ 含有一个分数完美匹配。因此，$\mathscr{F}(G[3,1]-F)\cup\mathscr{F}(G_2-F_2)$是 $G'-F$ 的一个分数完美匹配。如果$(a_3,a_1)\in F$ 且$|F_{1,2}|=0$，所以 $\mathbf{1}(M_{1,2})\cup\mathscr{F}(G_3-F_3)$是 $G'-F$ 的一个分数完美匹配。如果$(a_3,a_1)\in F$ 且$|F_{1,2}|\geqslant 1$，所以$|F_{1,2}|=1$。又因为 $\delta(G_1-F_1)\geqslant 1$，由引理 4.3.3(10)可知 $G[1,3]-F$ 含有一个分数完美匹配。因此，$G'-F$ 含有一个分数完美匹配。

情形 2.1.2　存在整数 $i\in\{2,3\}$满足$|F_i|=r$。

考虑 $i=2$ 时的情形。如果$|F_{1,2}|=0$，所以 $\mathbf{1}(M_{1,2})\cup\mathscr{F}(G_3-F_3)$是 $G'-F$ 的一个分数完美匹配。如果$|F_{1,2}|\geqslant 1$，所以$|F_{1,2}|=1$。因为 $\delta(G_1-F_1)\geqslant 1$，所以由引理 4.3.3(10)可知 $G[1,3]-F$ 含有一个分数完美匹配。因此，$G'-F$ 含有一个分数完美匹配。当 $i=3$ 时与 $i=2$ 类似，我们不再赘述。

情形 2.2　$\{(a_1,a_2),(a_3,a_1)\}\subseteq F$。

类似引理 4.4.3(情形 2.2)，可以证明 $G'-F$ 含有一个分数完美匹配或者 F 是G'的一个平凡的条件分数匹配排除集。

□

引理 4.4.5[51]　设 $n(\geqslant 2)$为整数，对于任意的 $i\in[1,n]$均有 $k_i(\geqslant 3)$为奇

数。若 $n \neq 2$ 且 $(k_1, k_2) \neq (3,3)$，则 $\mathrm{mp}(C_{k_1} \square C_{k_2} \square \cdots \square C_{k_n}) = 4n-1$。特别的，$\mathrm{mp}(C_3 \square C_3) = 6$。

引理 4.4.6[52] 设 $n(\geqslant 3)$ 为整数，对于任意的 $i \in [1,n]$ 均有 $k_i(\geqslant 3)$ 为奇数。图 $C_{k_1} \square C_{k_2} \square \cdots \square C_{k_n}$ 是 $(2n-2)$-哈密尔顿的。

定理 4.4.2 设 $n(\geqslant 3)$ 为整数，$k_i(\geqslant 3)$ 为奇数，其中 $i \in [1,n]$，则 $C_{k_1} \square C_{k_2} \square \cdots \square C_{k_n}$ 是超条件分数匹配的。

证明 设对任意的 $i \in [1,n]$ 均有 $t_i(\geqslant 5)$ 为奇数。结合引理 4.4.3，引理 4.4.4 和引理 4.4.6，引理 4.3.4，定理 4.3.1，引理 4.4.5 可知，$C_{t_1} \square C_{t_2} \square \cdots \square C_{t_n}$，$C_3 \square C_3 \square \cdots \square C_3$ 和 $C_{t_1} \square \cdots \square C_{t_i} \square C_3 \square \cdots \square C_3$ 是超条件分数匹配的。

$\square$

第5章

超 R^k 连通

5.1 连通度问题研究进展和本章主要结论

连通度是网络容错性关注的最基本参数之一。然而在实际情况中，一个点的所有邻点同时发生故障的概率较小。所以，某种程度上，经典连通度低估了互连网络的容错性。鉴于上述情形，Harary 引入了条件连通度的概念[8]。随后，Esfahanian 又提出了 R^k-连通度的概念[9]，使得互连网络的连通度问题更具有现实意义。Esfahanian 研究了 Q_n 的 R^1-连通度[9]。随后，Latifi 等[51]和 Oh 等[52]分别对此问题进行了推广，证明了 $\kappa^k(Q_n)=(n-k)2^k$，其中 $k\in[1,n]$。Wu 等解决了 Q_n^k 的 R^k-连通度问题[53]。Zhang 等证明了 $\kappa^2(AG_n)=6n-18$[54]，其中 $n\geqslant 5$。Yang 等确定了 (n,k)-星图的 R^1-连通度和 R^2-连通度[55]。

凯莱图由于构造简单而且对称性较高，受到广大学者们的关注。近年来，凯莱图已被广泛应用在分子生物、代码学、互连网络等很多领域。凯莱图的许多相关问题，比如：自同构群问题、同构问题、哈密尔顿问题等，成为学者们研究的焦点[55-58]。凯莱图的 R^k-连通度问题也取得较大进展。Wan 等探讨了星图 S_n 的 R^1-连通度和 R^2-连通度[12]。Yu 等研究了 UG_n 的 R^k-连通度[15]。Wang 等研究了 CK_n 的 R^k-连通度[13]。Yang 等确定了 $C\Gamma_n$ 和 T_kG_n 的 R^1-连通度和 R^2-连通度[14,16]。Tu 等证明了 $\kappa^1(WG_n)=4n-6$，$\kappa^2(WG_n)=8n-$

18[11]。当一个图的 R^k-连通度确定之后，刻画该图所有的最小 R^k-点割成为我们的关注点。基于刻画图的所有最小 R^k-点割，本章节提出了超 R^k 连通的概念。并刻画了轮生成的凯莱图 WG_n 所有的最小 R^1-点割和 R^2-点割，推广了文献[11]的结果。

5.2 准备工作

定义 5.2.1 设 G 是一个简单连通图且 $S\subseteq V(G)$，如果 $G-S$ 不连通，则称 S 是 G 的点割。G 中含点数最少的点割称为 G 的最小点割。G 的最小点割的基数称为 G 的连通度，记作 $\kappa(G)$。

Whitney 在 1932 年给出了连通度和最小度之间的关系：

定理 5.2.1 对任意的简单连通图 G，有 $\kappa(G)\leqslant\delta(G)$。

由于 $\kappa(G)\leqslant\delta(G)$，自然地有如下定义：

定义 5.2.2 对任意的简单连通图 G，如果 $\kappa(G)=\delta(G)$，则称 G 是极大连通的。

基于图最小点割的刻画，Boesch 定义了超连通的概念。

定义 5.2.3 设 G 是一个简单连通图。如果 G 的每个最小点割都是 G 中某个最小度点的邻点集，则称 G 是超连通的。

然而，一个点的所有邻点同时发生故障的概率较小，Harary 引入了条件连通度的概念。随后，Esfahanian 提出了 R^k-连通度的概念。

定义 5.2.4 设 G 是一个简单连通图且 $S\subseteq V(G)$。若对于任意点 $u\in V(G)-S$ 在 $-S$ 中至少有 k 个邻点，则称 S 是 G 的 R^k-点集(或 k 好邻集)。如果 G 的一个 R^k-点集 S 使得 $G-S$ 不连通，则称 S 是 G 的 R^k-点割。G 中含点数最少的 R^k-点割称为 G 的最小 R^k-点割。G 中最小 R^k-点割的基数称为 G 的 R^k-连通度，用符号 $\kappa^k(G)$表示。

鉴于超连通是关于图的最小点割的描述，基于图的最小 R^k-点割的刻画，我们提出了超 R^k 连通的概念。

定义 5.2.5 一个图 G 称为超 R^k 连通的，如果对于 G 的每一个最小 R^k-点割 S，$G-S$ 均包含一个同构于某一确定图 H 的分支，其中 H 与图 G 和整数 k 有关。

超 R^k 连通是超连通的推广。上述定义中的 H 同构于一个最小度点时，可以得出超连通就是超 R^0 连通。

设 $p=p_1p_2\cdots p_n$ 是 $Sym(n)$ 的任意一个置换，用 $p(ij)$ 表示交换置换 p 中 p_i 与 p_j，即 $p(ij)=p_1p_2\cdots p_{i-1}p_jp_{i+1}\cdots p_{j-1}p_ip_{j+1}\cdots p_n$。由于绪论中已经介绍了 $N_G(u)$，$N_G[u]$，$d_G(u)$，$N_G(S)$ 和 $N_G[S]$ 的定义，在此不再赘述。注意在第 4 章和第 5 章的叙述中，若可以通过上下文区分，则将 $N_G(u)$，$N_G[u]$，$d_G(u)$，$N_G(S)$ 和 $N_G[S]$ 简记为 $N(u)$，$N[u]$，$d(u)$，$N(S)$ 和 $N[S]$。为方便起见，用 $N_G(H)$ 表示 $N_G(V(H))$，其中 H 是 G 的子图。下面的引理在主要结论的证明中起着关键作用。

引理 5.2.1[59]　令 $G(T)$ 是凯莱图 $G=\mathrm{Cay}(\mathrm{Sym}(n),T)$ 的对换生成图，其中 $n\geqslant 3$ 且 $|E(G(T))|=m$。设 $S\subseteq V(G)$。则下列结论成立：

(1) 图 G 不含子图 $K_{2,4}$。

(2) 如果 $G(T)$ 不含三角形，则 G 不含子图 $K_{2,3}$。

(3) G 中任意一个 4-长圈 C_4 的边依次所对应的标号或者是 (ab)，(cd)，(ab)，(cd)（称 C4 是一个 A 类型 4-长圈），或者是 (ab)，(bc)，(ab)，(ac)（称 C_4 是一个 B 类型 4-长圈），其中 a,b,c,d 互不相同。

(4) 设 $n\geqslant 4$，$|S|\leqslant 2m-2$ 并且 $G(T)$ 不同构于 K_4-e。如果 $G-S$ 不连通，那么除过最大分支外，其余分支的点数之和至多为 6。

(5) G 是 m-正则的二部图。

(6) $\kappa(G)=m$。

由于轮生成的凯莱图 WG_n 含有 n 个同构于 MB_{n-1} 的导出子图，所以我们考虑 MB_n 的一些性质。

引理 5.2.2　设 $S\subseteq V(MB_n)$，其中 $|S|\leqslant 2n-2$ 且 $n\geqslant 4$。则下列结论成立：

(1) MB_n 不含子图 $K_{2,3}$。

(2) MB_n 只含有 A 类型 4-长圈。

(3) 如果 MB_n-S 是不连通的，那么 MB_n-S 的每一个分支的阶数不可能为 3，4，5，6。

(4) MB_n-S 至多含有两个孤立点。

(5) 如果 MB_n-S 含有一个或者两个孤立点，那么 MB_n-S 的每一个非孤立点分支至少含有 7 个点。

(6) 如果 MB_n-S 恰含有两个孤立点，那么 $|S|=2n-2$。

(7) 如果 MB_n-S 含有一个同构于 K_2 的分支 H，那么 $|S|=2n-2$ 且 MB_n-S 的每一个分支 $H'\neq H$ 都至少含有 7 个点。

(8) 如果 MB_n-S 是不连通的，则 MB_n-S 满足下列条件之一：

(i) MB_n-S 恰含有两个分支,其中有一个是孤立点分支。

(ii) MB_n-S 恰含有两个分支,其中有一个分支同构于 K_2 且 $|S|=2n-2$。

(iii) MB_n-S 恰含有三个分支,其中有两个孤立点分支且 $|S|=2n-2$。

证明 (1) 根据引理 5.2.1(2),此结论成立。

(2) 若 MB_n 含有一个 B 类型 4-长圈,那么 MB_n 的对换生成图含有一个三角形,从而产生矛盾。

(3) 设 H 是 MB_n 的一个连通子图。如果 $|V(H)|\in\{3,4,5\}$,则 H 同构于图 5.2.1 中的某一个图形。如果 $|V(H)|=6$,因为 H 是二部图且 H 不含子图 $K_{2,3}$,通过讨论 H 的最大度,容易验证满足条件的图形有 12 个。由引理 5.2.1(5)和引理 5.2.2(2)可知 $|N(H)|>2n-2$,从而产生矛盾。

(4) 设 u,v 和 w 是 MB_n-S 的孤立点。因为 MB_n 是 n-正则的且 MB_n 不含子图 $K_{2,3}$,所以 $|S|=2n-2$。不妨设 $S=N(u)\cup N(v)$,则 $N(w)\subseteq S$。由引理 5.2.2(1)可知 $|N(w)\cap N(u)|\leqslant 2$ 且 $|N(w)\cap N(v)|\leqslant 2$。这意味着 $|N(w)|\leqslant 4$,从而 $n=4$。注意到 MB_n 只含有 A 类型 4-长圈,可以设 $u'=u(12)$,$v'=u(34)$(详见图 5.2.2)。由引理 5.2.2(1)可知,$|N(w)\cap\{u',v'\}|\leqslant 1$。因此,$|N(w)\cap\{x,y\}|\geqslant 1$ 且 $|N(w)\cap\{z,t\}|\geqslant 1$。又因为 MB_n 只含有 A 类型 4-长圈,所以 $|N(w)\cap\{u',v'\}|=0$,从而 $N(w)=\{x,y,z,t\}$。这意味着 $y=w(23)$ 并且 $t=w(23)$,产生矛盾。

(5) 设 $\{u\}$ 和 H 分别是 MB_n-S 的孤立点分支和非孤立点分支。由引理 5.2.2(3)可知,$|V(H)|\neq 3,4,5,6$。如果 $|V(H)|=2$,令 $H=K_2=(v,w)$。因为 MB_n 是 n-正则的且 $|S|\leqslant 2n-2$,所以 $S=N(H)$ 以及 $N(u)\subseteq S$。由于 $d(u)=n$,所以 $N(u)\cap\{N(v)\setminus\{w\}\}\neq\varnothing$ 且 $N(u)\cap\{N(w)\setminus\{v\}\}\neq\varnothing$。这意味着 MB_n 含有一个 5-长圈,与 MB_n 是二部图相互矛盾。

(6) 结合引理 5.2.1(5)和引理 5.2.2(1),此结论成立。

(7) 根据引理 5.2.2(3)和引理 5.2.2(5),$|V(H)|\neq 1,3,4,5,6$。如果 $|V(H')|=2$,令 $H'=(u,v)$ 且 $H=(w,z)$。显然,$S=N(H)=N(H')$ 且 $|S|=2n-2$。由引理 5.2.2(1)可知,$N(w)\setminus\{z\}\neq N(u)\setminus\{v\}$。因此 $\{N(w)\setminus\{z\}\}\cap\{N(v)\setminus\{u\}\}\neq\varnothing$。通过类似上述讨论,可以证明 $\{N(w)\setminus\{z\}\}\cap\{N(u)\setminus\{v\}\}\neq\varnothing$。这意味着 MB_n 含有一个 5-长圈,与 MB_n 是二部图相互矛盾。

(8) 根据引理 5.2.1(4)和引理 5.2.2(3~7),此结论得证。

□

下面,我们来描述 WG_n 分层结构性质。

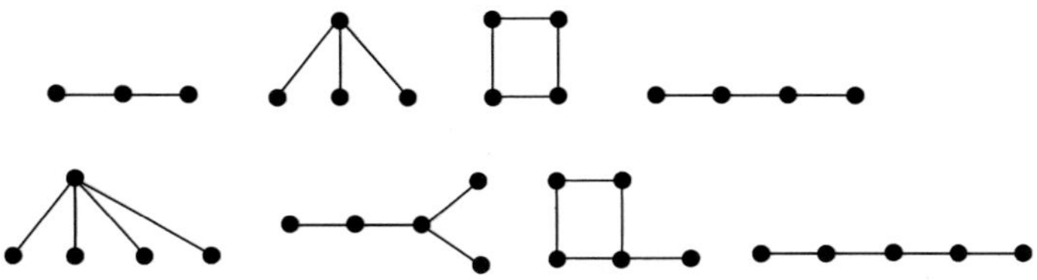

图 5.2.1 MB_n 中阶数为 3,4,5 的连通子图

轮是 WG_n 的对换生成图,记作 W_n。令 $V(W_n)=\{1,2,\cdots,n\}$。不失一般性,设 $E(W_n)=\{(i,n):1\leqslant i\leqslant n-1\}\cup\{(j,j+1):1\leqslant j\leqslant n-2\}\cup\{(n-1,1)\}$。对任意的 $i\in\{1,2,\cdots,n\}$,称点集$\{x_1x_2\cdots x_{n-1}i\mid x_1x_2\cdots x_{n-1}$取遍$\{1,2,\cdots,n\}\backslash\{i\}$中所有置换$\}$在 WG_n 的导出子图为 MB_{n-1}^i。容易验证,对任意的 $i\in\{1,2,\cdots,n\}$均有 MB_{n-1}^i同构于 MB_{n-1}。因此,可以认为 WG_n 能分解为 n 个同构于 MB_{n-1}的子图。

令$[i,j]=\{l:i\leqslant l\leqslant j\}$,其中 $i<j$。$MB[i,j]$表示点集$\{u:u\in V(MB_{n-1}^l),l\in[i,j]\}$在 WG_n 中的导出子图。显然,对于任意的 $i\in[1,n]$以及 $j\in[1,n-1]$,MB_{n-1}^i的任意一点 u 在 $V(WG_n)-V(MB_{n-1}^i)$中只有一个邻点 u'满足(u,u')所对应的标号是(jn)。称 u'是 u 的外邻点。设 $N_{WG_n}^{\mathrm{out}}(u)$(简记为 $N^{\mathrm{out}}(u)$)$=N_{WG_n}(u)\backslash N_{MB_{n-1}^i}(u)$,其中 $u\in V(MB_{n-1}^i)$。对任意点集 $S\subseteq V(MB_{n-1}^i)$,令 $N_{WG_n}^{\mathrm{out}}(S)$(简记为 $N^{\mathrm{out}}(S)$)$=\{N_{WG_n}^{\mathrm{out}}(u)\mid u\in S\}$。很容易证明下列引理成立。

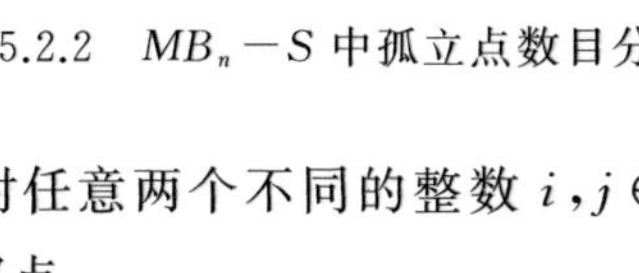

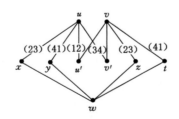

图 5.2.2 MB_n-S 中孤立点数目分析

引理 5.2.3[11] (1) 对任意两个不同的整数 $i,j\in[1,n]$,MB_{n-1}^i的每一个点在 MB_{n-1}^j中有唯一的邻点。

(2) 设$[MB_{n-1}^i,MB_{n-1}^j]$是一个端点在 MB_{n-1}^i,另一个端点在 MB_{n-1}^j中的所有边的集合,其中 $i\neq j$ $[MB_{n-1}^i,MB_{n-1}^j]$中边的个数记为$|[MB_{n-1}^i,MB_{n-1}^j]|$。则$[MB_{n-1}^i,MB_{n-1}^j]$恰是点集 $V(MB_{n-1}^i)\cup V(MB_{n-1}^j)$在 WG_n 中的导出子图的一个

完美匹配，即$|[MB^i_{n-1},MB^j_{n-1}]|=|V(MB^i_{n-1})|=(n-1)!$。

(3) 设$a_1,a_2,\cdots,a_k$是WG_n的k个点，其中$k\geqslant 3$。如果对任意的$i\in[1,n]$，MB^i_{n-1}至多包含$\{a_1,a_2,\cdots,a_k\}$中的一个点，则$\{a_1,a_2,\cdots,a_k\}$在WG_n中的导出子图不可能是一个圈。

引理 5.2.4 设$F\subseteq V(WG_n)$。对任意的$p\in[i,l]$，记$F_p=F\cap V(MB^p_{n-1})$。若下列三个条件同时成立：

(1) 对任意的$t\in[i,j-1]$，令H_t是$MB^t_{n-1}-F_t$的一个分支，且存在一条连接H_t和$MB[j,l]-F$的边。

(2) 对任意的$q\in[j,l]$，$MB^q_{n-1}-F_q$均是连通的。

(3) 对任意的$s\in[j,l-1]$，存在一条连接$MB^s_{n-1}-F_s$和$MB^{s-1}_{n-1}-F_{s+1}$的边。

则点集$\{\bigcup_{t=i}^{j-1}V(H_t)\}\cup V(MB[j,l]-F)$在$WG_n$中的导出子图是连通的。

引理 5.2.5 设u,v和w是MB^i_{n-1}的任意三个点，则下列结论成立：

(1) 任意一条路$P=uxyv$同构于图5.2.3中的某一个图形，其中$x\in N^{\text{out}}(u)$，$y\in N^{\text{out}}(v)$。

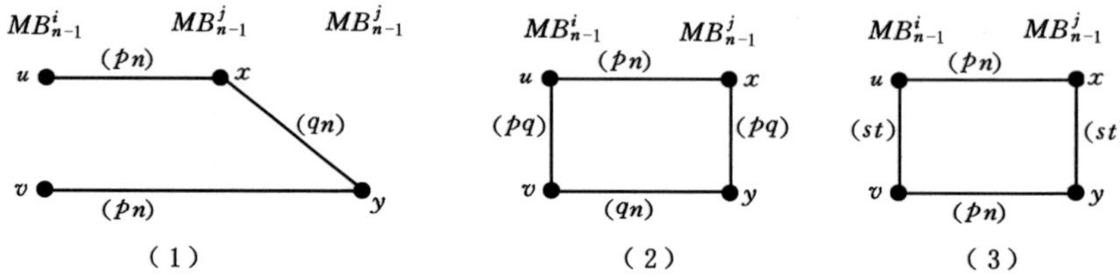

图 5.2.3 $P=uxyv$

(2) 如果点集$N^{\text{out}}(u)\cup N^{\text{out}}(v)$在$WG_n$中的导出子图至少含有一条边，那么该图同构于图5.2.4中的某一个图形。

(3) 如果至少存在一条边的端点分别在$N^{\text{out}}(u)$，$N^{\text{out}}(v)$以及$N^{\text{out}}(w)$中，那么点集$N^{\text{out}}(u)\cup N^{\text{out}}(v)\cup N^{\text{out}}(w)$在$WG_n$中的导出子图同构于图5.2.5中的某一个图形。

证明 (1) 不妨设$x=u(pn)$。显然，$y=x(qn)$，或者$y=x(pq)$，或者$y=x(st)$，其中p,q,s,t,n互不相等。通过分析元素i在置换y中的位置，可以证明此结论成立。

(2) 因为WG_n是二部图，所以$N^{\text{out}}(u)$和$N^{\text{out}}(v)$都是独立集。由于点集$N^{\text{out}}(u)\cup N^{\text{out}}(v)$在$WG_n$中的导出子图至少含有一条边，可以假设$v=u(pq)$。

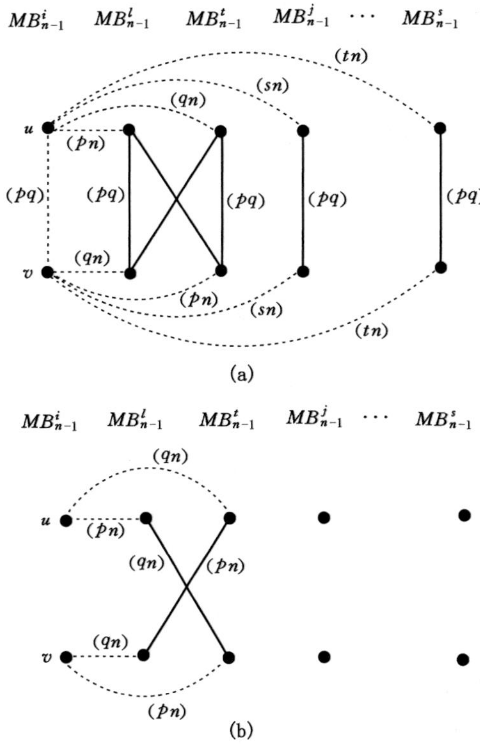

图 5.2.4 WG_n 的一个子图

通过讨论 p 和 q 在 WG_n 的对换生成图中是否相邻，可以证明此结论成立。

(3) 根据题设，$v=u(pq)$，$w=v(qs)$，或者 $v=u(pq)$，$w=v(st)$。注意 W_n 是 WG_n 的对换生成图。如果 $|E(WG_n[u,v,w])|=0$，则 p 和 q，q 和 s，s 和 t 在 W_n 中都不相邻。所以，点集 $N^{out}(u)\cup N^{out}(v)\cup N^{out}(w)$ 在 WG_n 中的导出子图同构于图 5.2.5(a，b)中的某一个图形。如果 $|E(WG_n[u,v,w])|=1$，设 $(p,q)\in E(W_n)$，q 和 s，s 和 t 在 W_n 中都不相邻。因此，点集 $N^{out}(u)\cup N^{out}(v)\cup N^{out}(w)$ 在 WG_n 中的导出子图同构于图 5.2.5(c，d)中的某一个图形。如果 $|E(WG_n[u,v,w])|=2$，那么 $\{(p,q),(q,s),(s,t)\}\subseteq E(W_n)$ 且点集 $N^{out}(u)\cup N^{out}(v)\cup N^{out}(w)$ 在 WG_n 中的导出子图同构于图 5.2.5(e，f)中的某一个图形。

□

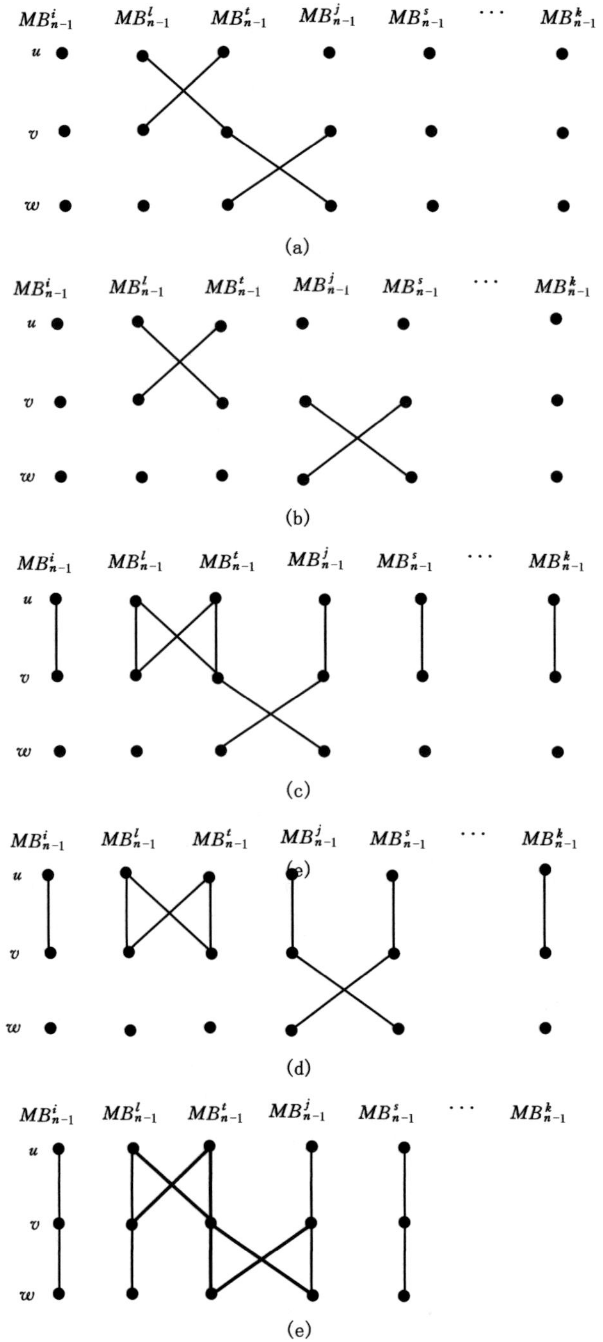

图 5.2.5 WG_n 的一个子图

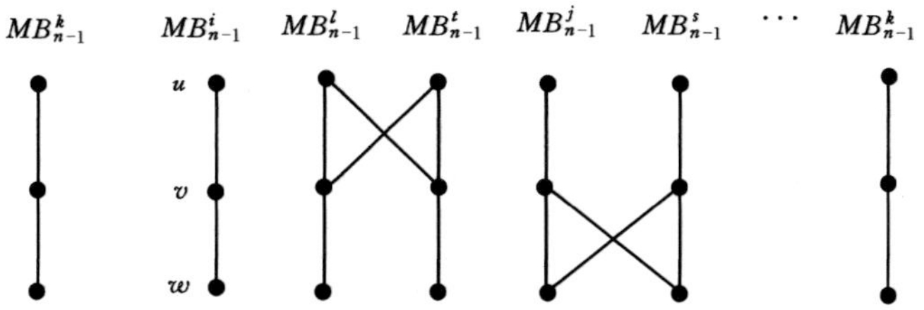

(f)

图 5.2.5(续)

5.3　轮生成的凯莱图的最小 R^1-点割和最小 R^2-点割

本小节主要证明 WG_n 是超 R^1 连通和超 R^2 连通的。

引理 5.3.1　设 $n\geqslant 4$。则 $\kappa^1(WG_n)\leqslant 4n-6$。

证明　由引理 5.2.1(5)可知，WG_n 是$(2n-2)$-正则的。设 $F=N(\{u,v\})$且 $w\in V(WG_n)-F\cup\{u,v\}$，其中$(u,v)$是 WG_n 的任意一条边。注意到 WG_n 是二部图。因此，如果$|N(w)\cap\{N(v)\setminus\{u\}\}|\geqslant 1$，则$|N(w)\cap\{N(u)\setminus\{v\}\}|=0$。类似可证，如果$|N(w)\cap\{N(u)\setminus\{v\}\}|\geqslant 1$，则$|N(w)\cap\{N(v)\setminus\{u\}\}|=0$。这意味着$|N(w)\cap F|\leqslant 2n-3<d(w)$，即 w 不是 WG_n-F 的孤立点。所以，F 是 WG_n 的 R^1-点割。从而 $\kappa^1(WG_n)\leqslant|F|=4n-6$。

□

引理 5.3.2　WG_4 是超 R^1 连通的。

证明　设 F 是 WG_4 的一个最小 R^1-点割。对任意的 $i\in[1,4]$，记 $F_i=F\cap V(MB_3^i)$。由引理 5.3.1 可知，$|F|\leqslant 10$。

断言　对任意的 $i\in[1,4]$均有$|F_i|\geqslant 2$。

如果存在某个整数 $i\in[1,4]$使得$|F_i|=0$，设 $i=1$。因为 MB_3^1 是连通的且 $MB_3^t-F_t(t\in[2,4])$的任意一点都和 MB_3^1 的某一个点相邻，所以 WG_4-F 是连通的，与 F 是 WG_4 的点割相互矛盾。因此，对任意的 $i\in[1,4]$均有$|F_i|\geqslant 1$。

如果存在某个整数 $i\in[1,4]$使得$|F_i|=1$，设 $i=1$ 且 $F_1=\{u_1\}$。通过类似上述讨论，可以证明点集 $V(WG_4)-F\cup N^{\mathrm{out}}(u_1)$在 WG_4-F 中的导出子图是连通的。因为 F 是 WG_4 的 R^1-点割且 $N^{\mathrm{out}}(u_1)$是一个独立集，所以 $N^{\mathrm{out}}(u_1)$

$-F$ 的每一个点都和 $V(WG_4)-F\cup N^{out}(u_1)$ 的某个点相邻。这意味着 WG_4-F 是连通的,与 F 是 WG_4 的点割相互矛盾。因此,断言成立。

设 $J=\{i\mid MB_3^i-F_i$ 是不连通的$\}$。

情形 1 $|J|=0$。

如果对任意的 $i\in[1,3]$ 存在一条连接 $MB_3^i-F_i$ 和 $MB_3^{i+1}-F_{i+1}$ 的边,由引理 5.2.4 可知 WG_4-F 是连通的。不妨假设没有连接 $MB_3^1-F_1$ 和 $MB_3^2-F_2$ 的边。因此,$|F_1|+|F_2|\geqslant|V(MB_3)|=6$。因为 $|F|\leqslant 10$ 且对任意的 $i\in[1,4]$ 均有 $|F_i|\geqslant 2$,所以 $|F_1|+|F_2|=6$ 以及 $|F_3|=|F_4|=2$。假设 $|F_1|\geqslant|F_2|$,则 $|F_1|\geqslant 3$ 且 $|F_2|\leqslant 3$。根据引理 5.2.4,$MB[2,4]-F$ 是连通的。因为 WG_4-F 不连通且不含孤立点,所以 WG_4-F 的某个非孤立点分支 H 的顶点集包含在 $V(MB_3^1)-F_1$。显然,$2\leqslant|V(H)|\leqslant|V(MB_3^1)-F_1|\leqslant 3$。如果 $|V(H)|=2$,那么 H 是一条边且 $F=N(H)$。如果 $|V(H)|=3$,那么 $|F_1|=3$ 且 $H=MB_3^1-F_1$。因为 $|F_1|+|F_4|<6$,所以存在一条连接 $MB_3^1-F_1$ 和 $MB_3^4-F_4$ 的边。注意到 $MB[2,4]-F$ 是连通的,所以 $MB[1,4]-F$ 连通,与 F 是 WG_4 的点割相互矛盾。

情形 2 $|J|\geqslant 1$。

因为 $\kappa(MB_3)=3$ 且对任意的 $i\in[1,4]$ 均有 $|F_i|\geqslant 2$,所以 $|J|\leqslant 2$。

如果 $|J|=1$,设 $MB_3^1-F_1$ 是不连通的,即 $|F_1|\geqslant 3$。设 $|F_2|\geqslant|F_3|\geqslant|F_4|$。因为 $|F|\leqslant 10$ 且对任意的 $i\in[1,4]$ 均有 $|F_i|\geqslant 2$,所以 $|F_2|\leqslant 3$ 以及 $|F_3|=|F_4|=2$。由引理 5.2.4 可知,$MB[2,4]-F$ 是连通的。即 WG_4-F 的某个非孤立点分支 H 的顶点集包含在 $V(MB_3^1)-F_1$。因为 $|V(H)|\geqslant 2$,$|V(MB_3^1)-F_1|\leqslant 3$ 且 $MB_3^1-F_1$ 不连通,所以 $|F_1|=3$ 且 $MB_3^1-F_1$ 恰有两个分别同构于 K_2 和 K_1 的分支。容易验证这是不可能的(详见图 5.3.1),从而产生矛盾。

如果 $|J|=2$,设 $MB_3^1-F_1$ 和 $MB_3^2-F_2$ 不连通。显然,$|F_1|=|F_2|=3$ 且 $|F_3|=|F_4|=2$。根据引理 5.2.4,$MB[3,4]-F$ 连通。因此,WG_4-F 的某个非孤立点分支 H 的顶点集包含在 $V(MB[1,2]-F)$。容易验证对任意的 $i\in[1,2]$,$MB_3^i-F_i$ 均是独立集。根据引理 5.2.3(1)和 $|V(H)|\geqslant 2$ 可知,H 是一个端点在 MB_3^1 中另一个端点在 MB_3^2 中的一条边。即 $F=N(H)$。

□

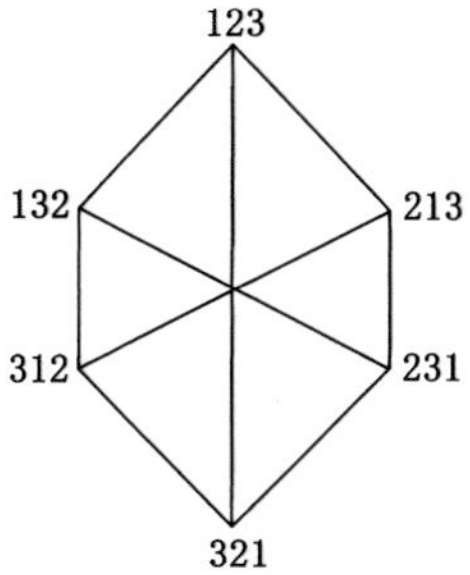

图 5.3.1 MB_3

定理 5.3.1 设 $n\geqslant 4$。则 WG_n 是超 R^1 连通的。

证明 根据引理 5.3.2,只需考虑 $n\geqslant 5$ 时的情形。设 F 是 WG_n 的一个最小 R^1-点割。对任意的 $i\in[1,n]$,记 $F_i=F\cap V(MB_{n-1}^i)$。由引理 5.3.1 可知,$|F|\leqslant 4n-6$。我们将证明 $F=N(\{u,v\})$,其中 u 和 v 是 WG_n 中一条边的两个端点。

断言 1 对任意的 $i\in[1,n]$均有$|F_i|\geqslant 2$。

通过类似引理 5.3.2(断言)的讨论,可以证明断言 1 成立。

断言 2 $1\leqslant|J|\leqslant 2$,其中 $J=\{i\,|\,MB_{n-1}^i-F_i$ 是不连通的$\}$。

因为$(n-1)!-|F|\geqslant 8(n-2)-(4n-6)\geqslant 10$,所以对任意两个不同整数 $i,j\in[1,n]$总存在一条连接 $MB_{n-1}^i-F_i$ 和 $MB_{n-1}^i-F_j$ 的边。如果$|J|=0$,根据引理 5.2.4 可知 $WG_n-F=MB[1,n]-F$ 是连通的。如果$|J|\geqslant 3$,根据引理 5.2.1(6)和断言 1 可知 $\sum_{i=1}^n|F_i|\geqslant 3(n-1)+2(n-3)>|F|$。所以,$1\leqslant|J|\leqslant 2$。分下列两种情形讨论。

情形 1 $|J|=1$。设 $MB_{n-1}^1-F_1$ 是不连通的。

显然,$|F_1|=|F|-\sum_{i=2}^n|F_i|\leqslant 2n-4$。根据引理 5.2.2(8),可以设$\{u_1\},H_1$,或者$\{u_1\},\{v_1\},H_1$,或者$(u_1,v_1),H_1$ 是 $MB_{n-1}^1-F_1$ 的所有分支。因为$(n-1)!-(4n-6)\geqslant 10$,所以存在一条连接 H_1 和 $MB_{n-1}^2-F_2$ 的边。根据引理 5.2.4,点集 $V(H_1)\cup V(MB[2,n]-F)$在 WG_n-F 中的导出子图是连通的。又因为 WG_n-F 是不连通的且 WG_n-F 不含有孤立点,所以 WG_n-F 中某个非孤立点分支 H 的顶点集包含在 $V(MB_{n-1}^1-F_1-H_1)$。因此,(u_1,v_1) 和 H_1 是 $MB_{n-1}^1-F_1$ 的所有分支。这意味着 $F=N(\{u_1,v_1\})$。

情形 2 $|J|=2$。设 $MB_{n-1}^1-F_1$ 和 $MB_{n-1}^2-F_2$ 都不连通。

由引理 5.2.1(6)和断言 1 可知,$|F_1|=|F_2|=n-1$,且对任意的 $t\in[3,n]$均有$|F_t|=2$。根据引理 5.2.2(8),对任意的 $i\in[1,2]$,可以设$\{x_i\}$和 H_i 是

$MB_{n-1}^{i}-F_i$ 的所有分支。根据引理 5.2.4,点集 $\bigcup_{i=1}^{2}V(H_i)\bigcup V(MB[3,n]-F)$在 WG_n-F 中的导出子图是连通的。因为 WG_n-F 是不连通的且 WG_n-F 不含孤立点,所以 WG_n-F 的某个非孤立点分支 H 的顶点集包含在$\{x_1,x_2\}$。因此,$H=(x_1,x_2)$。这意味着 $F=N(\{x_1,x_2\})$。

□

推论 5.3.1[11] 设 $n\geqslant5$,$\kappa^1(WG_n)=4n-6$。

证明 根据定理 5.3.1,WG_n 的每一个最小 R^1-点割是点集 $N(\{u,v\})$,其中(u,v)是 WG_n 的一条边。即 $\kappa^1(WG_n)=4n-6$。

接下来,我们将刻画 WG_n 的所有最小 R^2-点割。在文献[13]中,Wang 等证明了 $\kappa^2(WG_4)=16$。设 F 是 WG_4 的一个最小 R^2-点割。因为$|V(WG_4)|=24$,所以 WG_4-F 恰有两个分支且每一个分支都同构于 C_4。所以 $F=N(C_4)$,即 WG_4 是超 R^2 连通的。所以只需考虑 $n\geqslant5$ 的情形。

□

引理 5.3.3 设 $n\geqslant5$,则 $\kappa^2(WG_n)\leqslant8n-18$。

证明 设 C_4 是 WG_n 的一个 B 类型 4-长圈(详见图 5.3.2)。根据引理 5.2.1(1),$|N(C_4)|=8n-18$,且对任意的 $i\in[1,4]$有$|N(w)\bigcap N(u_i)|\leqslant3$,其中 $w\in V(WG_n)-C_4\bigcup N(C_4)$。因为 WG_n 是二部图,所以$|N(w)\bigcap N(C_4)|\leqslant6\leqslant d(w)-2$。因此,$N(C_4)$是 WG_n 的一个 R^2-点割,即 $\kappa^2(WG_n)\leqslant8n-18$。

□

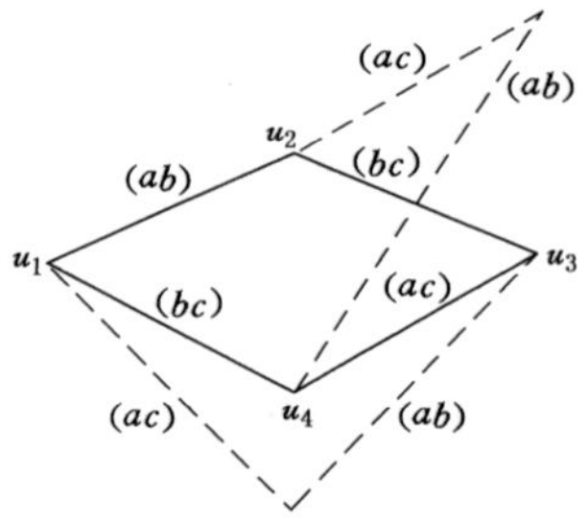

图 5.3.2 WG_n 的 B 类型四长圈

定理 5.3.2 设$n\geqslant 5$，则WG_n是超R^2连通的。

证明 设F是WG_n的一个最小R^2-点割。对任意的$i\in[1,n]$，记$F_i=F\cap V(MB_{n-1}^i)$。由引理5.3.3可知，$|F|\leqslant 8n-18$。我们将证明$F=N(C_4)$，其中C_4是WG_n的一个B类型4-长圈。

断言 对任意的$i\in[1,n]$均有$|F_i|\geqslant 2$。

通过类似引理5.3.2(断言)的讨论，可以证明此断言成立。分下列两种情形讨论。

情形1 存在某个整数$i\in[1,n]$，使得$|F_i|=2$。

设$|F_1|=2$且$F_1=\{u,v\}$。通过类似引理5.3.2(断言)的讨论，可以证明点集$V(WG_n)-N^{\text{out}}(u)\cup N^{\text{out}}(v)\cup F$在$WG_n-F$中的导出子图是连通的。因为$WG_n-F$不连通，所以$WG_n-F$某一个分支$H$的顶点集包含在$N^{\text{out}}(u)\cup N^{\text{out}}(v)-F$。由引理5.2.11(2)和$\delta(H)\geqslant 2$可知，$H$是$WG_n$的一个$B$类型4-长圈(详见图5.2.4(1))。因此，$F=N(H)$。

情形2 对任意的$i\in[1,n]$均有$|F_i|\geqslant 3$。

情形2.1 存在某个整数$i\in[1,n]$，使得$|F_i|=3$。

设$|F_1|=3$且$F_1=\{u,v,w\}$。通过类似情形1的讨论，可以证明WG_n-F的某一分支H的顶点集包含在$N^{\text{out}}(u)\cup N^{\text{out}}(v)\cup N^{\text{out}}(w)-F$。如果$V(H)\subseteq N^{\text{out}}(u)\cup N^{\text{out}}(v)-F$，由$\delta(H)\geqslant 2$以及引理5.2.11(2)可知$H$是$WG_n$的一个B类型4-长圈。注意$WG_n$中任意两个不相邻的点至多有三个公共邻点。因为$\{u,v\}\subseteq N(H)$，所以$N_{MB[2,n]}(H)=4(n-2)+4(n-3)>|F|-|F_1|$，产生矛盾。因此，不妨设对任意点$x\in\{u,v,w\}$均有$V(H)\cap N^{\text{out}}(x)\neq\varnothing$。因为$\delta(H)\geqslant 2$，所以$H$同构于图5.2.5(5)中加粗边所导出的图形。通过计算可得$|N(H)|>8n-18$，产生矛盾。

情形2.2 对任意的$i\in[1,n]$均有$|F_i|\geqslant 4$。

因为$(n-1)!-|F|\geqslant 8(n-2)-(8n-18)\geqslant 2$，所以对任意不同的整数$i$，$j\in[1,n]$至少存在两条连接$MB_{n-1}^i-F_i$和$MB_{n-1}^j-F_j$的边。设$J=\{i\mid MB_{n-1}^i-F_i$是不连通的$\}$。

如果$|J|=0$，根据引理5.2.4可知$WG_n-F=MB[1,n]-F$连通。

如果$|J|=1$，设$MB_{n-1}^1-F_1$是不连通的。由引理5.2.4可知，$MB[2,n]-F$连通。因此，WG_n-F的某一个分支H的顶点集包含在$V(MB_{n-1}^1)-F_1$。因为MB_{n-1}^1是二部图，且MB_{n-1}^1不含有子图$K_{2,3}$以及$\delta(H)\geqslant 2$，所以$|V(H)|\geqslant 4$且$|V(H)|\neq 5$。如果$|V(H)|=4$，那么H是WG_n的一个A类型4-长圈且

$|N(H)|=|N_{MB_{n-1}^1}(H)|+|N^{out}(H)|=4(n-3)+4(n-1)>|F|$，产生矛盾。如果$|V(H)|=6$，那么 H 同构于图 5.3.3 中的某一个图形。因此，$|N(H)|=|N_{MB_{n-1}^1}(H)|+|N^{out}(H)|\geqslant 2(n-3)+6(n-1)>|F|$，产生矛盾。如果$|V(H)|\geqslant 7$，那么$|N(H)|\geqslant\kappa(MB_{n-1}^1)+|N^{out}(H)|\geqslant(n-1)+7(n-1)>|F|$，产生矛盾。

如果$|J|=2$，设 $MB_{n-1}^1-F_1$ 和 $MB_{n-1}^2-F_2$ 不连通且$|F_1|\geqslant|F_2|$。因为$|F_1|+|F_2|=|F|-\sum_{i=3}^{n}|F_i|\leqslant(8n-18)-4(n-2)=4n-10$，所以$|F_2|\leqslant 2n-5$。根据引理 5.2.2(8)，可以设$\{x_2\}$和 H_2 是 $MB_{n-1}^2-F_2$ 的所有分支。因为 $d_{WG_n-F}(x_2)\geqslant 2$，所以 $d_{WG_n-MB_{n-1}^1}(x_2)\geqslant 1$。因此，$x_2$ 在 $MB[3,n]-F$ 中至少有一个邻点。根据引理 5.2.4，点集 $V(H_2)\cup V(MB[3,n]-F)$在 WG_n-F 中的导出子图是连通的，即 $MB[2,n]-F$ 是连通的。所以，WG_n-F 的某个分支 H 的顶点集包含在 $V(MB_{n-1}^1)-F_1$。通过类似$|J|=1$ 时的讨论，可以得出矛盾。

如果$|J|=3$，设 $MB_{n-1}^1-F_1$，$MB_{n-1}^2-F_2$ 和 $MB_{n-1}^3-F_3$ 是不连通的，并且$|F_1|\geqslant|F_2|\geqslant|F_3|$。显然，$|F_1|=|F|-(|F_2|+|F_3|)\sum_{i=4}^{n}|F_i|\leqslant(8n-18)-2(n-1)-4(n-3)=2n-4$，$|F_2|<2n-4$ 且$|F_3|<2n-4$。根据引理 5.2.2(8)，可以假设对任意的 $i\in[2,3]$，$\{x_i\}$和 H_i 是 $MB_{n-1}^i-F_i$ 的所有分支，并且$\{x_1\}$，H_1，或者$\{x_1\}$，$\{y_1\}$，H_1，或者 $K_2=(x_1,y_1)$，H_1 是 $MB_{n-1}^1-F_1$ 的所有分支。根据引理 5.2.4，点集$\bigcup_{i=1}^{3}V(H_i)\cup V(MB[4,n]-F)$在 WG_n-F 中的导出子图是连通的。所以 WG_n-F 的某个分支 H 的顶点集包含在 $V(WG_n)-\bigcup_{i=1}^{3}V(H_i)\cup V(MB[4,n]-F)$。显然，$|V(H)|\geqslant 4$。根据引理 5.2.3(1)，$K_2=(x_1,y_1)$和 H_1 是 $MB_{n-1}^1-F_1$ 的所有分支，从而 H 是 WG_n 的一个 B 类型 4-长圈。故有 $F=N(H)$。

如果$|J|\geqslant 4$，设 $MB_{n-1}^1-F_1,\cdots,MB_{n-1}^{|J|}-F_{|J|}$是不连通的，并且$|F_1|=\max\{|F_i|:1\leqslant i\leqslant|J|\}$。当 $n\geqslant 6$ 时，$|F_1|=|F|-\sum_{i=2}^{4}|F_i|-\sum_{i=5}^{n}|F_i|\leqslant(8n-18)-3(n-1)-4(n-4)<2n-4$。类似可证，对任意的 $t\in[1,|J|]$均有$|F_t|<2n-4$。根据引理 5.2.2(8)，对任意的 $t\in[1,|J|]$，$\{x_t\}$和 H_t 是 $MB_{n-1}^t-F_t$ 的所有分支。点集$\bigcup_{i=1}^{|J|}V(H_i)\cup V(MB[|J|+1,n]-F)$在 WG_n-F 中的导出子图是连通的。因此，WG_n-F 的某个分支 H 的顶点集包含在$\{x_1,x_2,\cdots,x_{|J|}\}$。因为$\delta(H)\geqslant 2$，所以 H 含有一个圈。这与引理 5.2.3(3)矛盾。当 $n=5$ 时，讨论$|F_1|=2n-4$ 或者$|F_1|<2n-4$ 两种情形。注意如果 $u\in$

$V(MB^i_{n-1})$，$v\in V(MB^j_{n-1})$且$i\neq j$，则边(u,v)所对应的标号是(sn)，其中$s\in[1,n-1]$。通过类似$|J|=3$时的讨论，可以证明$F=N(C_4)$，其中C_4是WG_n的一个B类型4-长圈。

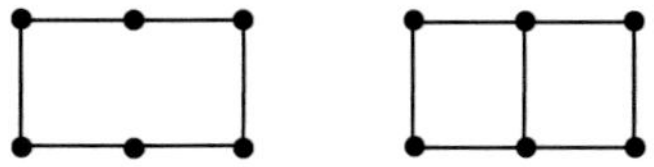

图5.3.3 WG_n的一个子图

□

推论5.3.2[11] 设$n\geqslant 5$，则$\kappa^2(WG_n)=8n-18$。

证明 根据定理5.3.2，WG_n的每一个最小R^2-点割是点集$N(C_4)$，其中C_4是WG_n的一个B类型4-长圈。所以，$\kappa^2(WG_n)=|N(C_4)|=8n-18$。

□

第6章

不同诊断模型下网络的 g 好邻诊断度关系

6.1 故障诊断问题研究进展和本章主要结论

故障诊断是通过测试来识别互连网络中的故障处理器。随着处理器数目不断增加,互连网络规模不断扩大,网络的安全性面临巨大挑战。如何快速准确识别网络的故障处理器成为一个迫切需要解决的问题。由于图是互连网络的数学模型,所以互连网络关于处理器的故障诊断可以抽象为一个图关于点的故障诊断。1967 年,Preparata 等首次将图论的方法应用于互连网络的故障诊断,创建了系统级故障诊断模型,简称为 PMC 模型[60]。在 PMC 模型下,若 u 和 v 在 G 中相邻,则 u 可以测试 v。u 称为测试者,v 称为被测试者。如果 u 和 v 都是非故障点,则测试结果为 0。如果 u 是非故障点,v 是故障点,则测试结果为 1。如果 u 是故障点,测试结果不依赖于 v 的状态,则测试结果有可能为 0,也有可能为 1。1992 年,Sengupta 等提出了 MM^* 模型[61]。在 MM^* 模型下,若 v 和 w 是 u 在 G 中的两个邻点,则 u 分别对 v 和 w 进行测试。u 称为测试者,v 和 w 称为被测试者。若 u,v 和 w 都是非故障点,则测试结果为 0。如果 u 是非故障点,v 和 w 至少有一个是故障点,则测试结果为 1。如果 u 是故障点,测试结果不依赖于 v 和 w 的状态,测试结果有可能为 0,也有可能为 1。PMC 模型和 MM^* 模型是两个广泛应用的故障诊断模型。诊断度是互连网络通过一系列测试所能确定的最多故障处理器数目。由于一个点所有邻点同时发生故障的概率较小,所以 Lai 等提出了条件诊断度的概念[17],假设图中任意点的所有邻点不可能同时发生故障。随后，Peng 等对此定义进一步推广，假设每一个非故障点至少有 g 个非故障邻点，提出了 g 好邻诊断度[18]。许多网络模型在 PMC 模型和 MM^* 模型下的 g 好邻诊断度得到解决。Peng 等确定了 Q_n 在 PMC 模型下的 g 好邻诊断度[18]。随后，Wang 等研究了 Q_n 在 MM^* 模型下的 g 好邻诊断度[62]。Wang 及其团队还研究了交错群图[63]，泡沫排序星图[67]，对换生成的凯莱图[68]和局部双扭立方体[69]在 PMC 模型和 MM^* 模型下的 g 好邻诊断度。星图[70]和 (n,k)-星图[71]在 PMC 模型和 MM^* 模型下的 g 好邻诊断度也得到了解决。

从目前的研究成果来看，一个图在 PMC 模型和 MM^* 模型下的 g 好邻诊断度都是通过单独讨论得出的。自然地，探究一个图在 PMC 模型下的 g 好邻诊断度与在 MM^* 模型下的 g 好邻诊断度的关系意义重大。本章从图在 PMC 模型和 MM^* 模型下的诊断度联系入手，刻画了图在 PMC 模型和 MM^* 模型下的 g 好邻诊断度相等的充分条件，避免了不同模型下诊断度逐个讨论的烦琐。另外，我们还探究了 g 好邻诊断度与 R^g-连通度的关系。

6.2 准备工作

本章需用到 R^k-点集（k 好邻集），R^k-点割，R^k-连通度的概念，因为在第 5 章中已经介绍了这些概念的定义，我们不再赘述。

定义 6.2.1 若互连网络 G 中发生故障的处理器的数目不超过 t 时，所有的处理器都能被准确地判断出是否发生故障，则称 G 是 t 可诊断的。使得 G 是 t 可诊断的 t 的最大值称为 G 的诊断度，记为 $t(G)$。

由于一个点的所有邻点同时发生故障的概率较小，所以 Lai 等提出了条件诊断度的概念。随后，Peng 等对此概念进行了进一步推广，提出了 g 好邻诊断度的概念。

定义 6.2.2 如果对任意的顶点 $u \in V(G)$ 均有 $N(u) \not\subseteq F$，则称 $F \subseteq V(G)$ 是 G 的一个条件集。设 $F_1 \subseteq V(G)$ 和 $F_2 \subseteq V(G)$ 是 G 中任意两个条件集，其中 $|F_1| \leqslant t$ 且 $|F_2| \leqslant t$。如果 F_1 和 F_2 是可区分的，则称 G 是条件 t 可诊断的。满足 G 是条件 t 可诊断的 t 的最大值称为 G 的条件诊断度，记为 $t_c(G)$。

定义 6.2.3 设 $F_1 \subseteq V(G)$ 和 $F_2 \subseteq V(G)$ 是 G 中任意两个 g 好邻集，其中 $|F_1| \leqslant t$ 且 $|F_2| \leqslant t$。如果 F_1 和 F_2 是可区分的，则称 G 是 g 好邻 t 可诊断的。满足 G 是 g 好邻 t 可诊断的 t 的最大值，称为 G 的 g 好邻诊断度，记为 $t_g(G)$。

下面的引理介绍了一对点集在 PMC 模型和 MM^* 模型下是可区分的充要

条件。设 $F_1 \subseteq V(G)$ 和 $F_2 \subseteq V(G)$。F_1 和 F_2 的对称差是指 $F_1 \cup F_2 - F_1 \cap F_2$，记为 $F_1 \Delta F_2$。称 $V(G) - F_1 \cup F_2$ 为 $F_1 \cup F_2$ 在 $V(G)$ 中的补集，简记为 $\overline{F_1 \cup F_2}$。$[F_1, F_2]$ 表示 G 中一个端点在 F_1 另一个端点在 F_2 的所有边的集合。

引理 6.2.1[23] 设 F_1 和 F_2 是 G 的任意两个不同的 g 好邻集且 $|F_1| \leqslant t$ 和 $|F_2| \leqslant t$。F_1 和 F_2 在 PMC 模型下是可区分的当且仅当 $[F_1 \Delta F_2, V(G) - F_1 \cup F_2] \neq \varnothing$。

引理 6.2.2[61] 设 F_1 和 F_2 是 G 的任意两个不同的 g 好邻集且 $|F_1| \leqslant t$ 和 $|F_2| \leqslant t$。F_1 和 F_2 在 MM^* 模型下是可区分的当且仅当下列条件之一成立：

(1) 存在两点 $u, w \in V(G) \backslash (F_1 \cup F_2)$，点 $v \in F_1 \Delta F_2$，使得 $(u, w) \in E(G)$ 且 $(v, w) \in E(G)$。

(2) 存在两点 $u, v \in F_1 \backslash F_2$，点 $w \in V(G) \backslash (F_1 \cup F_2)$，使得 $(u, w) \in E(G)$ 且 $(v, w) \in E(G)$。

(3) 存在两点 $u, v \in F_2 \backslash F_1$，点 $w \in V(G) \backslash (F_1 \cup F_2)$，使得 $(u, w) \in E(G)$ 且 $(v, w) \in E(G)$。

结合定义 6.2.3 和引理 6.2.1，引理 6.2.2，下列结论成立。

引理 6.2.3 设 F_1 和 F_2 是 G 的任意两个不同的 g 好邻集且 $|F_1| \leqslant t$ 和 $|F_2| \leqslant t$。F_1 和 F_2 在 PMC 模型下是 g 好邻 t 可诊断的当且仅当 $[F_1 \Delta F_2, V(G) - F_1 \cup F_2] \neq \varnothing$。

引理 6.2.4 设 F_1 和 F_2 是 G 的任意两个不同的 g 好邻集且 $|F_1| \leqslant t$ 和 $|F_2| \leqslant t$。F_1 和 F_2 在 MM^* 模型下是 g 好邻 t 可诊断的当且仅当下列条件之一成立：

(1) 存在两点 $u, w \in V(G) \backslash (F_1 \cup F_2)$，点 $v \in F_1 \Delta F_2$，使得 $(u, w) \in E(G)$ 且 $(v, w) \in E(G)$。

(2) 存在两点 $u, v \in F_1 \backslash F_2$，点 $w \in V(G) \backslash (F_1 \cup F_2)$，使得 $(u, w) \in E(G)$ 且 $(v, w) \in E(G)$。

(3) 存在两点 $u, v \in F_2 \backslash F_1$，点 $w \in V(G) \backslash (F_1 \cup F_2)$，使得 $(u, w) \in E(G)$ 且 $(v, w) \in E(G)$。

如果 F_1 和 F_2 在 PMC 模型(MM^* 模型)下是可区分的，则称 (F_1, F_2) 在 PMC 模型(MM^* 模型)下是一个可区分对。

引理 6.2.5 设 F_1 和 F_2 是 G 的两个不同的 g 好邻集，其中 $F_2 \backslash F_1 \neq \varnothing$ 且 $|F_1 \cup F_2| < |G|$。如果 $[F_1 \Delta F_2, \overline{F_1 \cup F_2}] = \varnothing$，那么 $F_1 \cap F_2$ 是 G 的一个 R^g-点割且 $\delta(G[F_2 \backslash F_1]) \geqslant g$。

证明　因为$[F_1\Delta F_2,\overline{F_1\cup F_2}]=\varnothing$，所以 $F_1\cap F_2$ 是 G 的一个点割。由于 F_1 是 G 的一个 g 好邻集且$[F_1\Delta F_2,\overline{F_1\cup F_2}]=\varnothing$，所以 $\delta(G[\overline{F_1\cup F_2}])\geqslant g$ 以及 $\delta(G[\overline{F_2\setminus F_1}])\geqslant g$。类似可证，$\delta(G[F_1\setminus F_2])\geqslant g$。因此，$F_1\cap F_2$ 是 G 的一个 R^g-点割。

□

6.3　主要结论

通过分析 PMC 模型和 MM* 模型下的 g 好邻诊断度有以下的关系：

定理 6.3.1　设 $t_g^P(G)(t_g^M(G))$是图 G 在 PMC 模型(MM* 模型)下的 g 好邻诊断度，则 $t_g^M(G)\leqslant t_g^P(G)$。如果 $g\geqslant 2$，则 $t_g^M(G)=t_g^P(G)$。

证明　由引理 6.2.3 和引理 6.2.4 可知，如果 G 在 MM* 模型下是 g 好邻 t 可诊断的，那么 G 在 PMC 模型下也是 g 好邻 t 可诊断的。根据诊断度的定义可知，$t_g^M(G)\leqslant t_g^P(G)$。

接下来，我们讨论 $g\geqslant 2$ 的情形。假设 G 在 PMC 模型下是 g 好邻 t 可诊断的。设 F_1 和 F_2 是 G 的任意两个不同的 g 好邻集且$|F_1|\leqslant t$ 和$|F_2|\leqslant t$。根据引理 6.2.3，存在一条边$(u,v)\in[F_1\Delta F_2,\overline{F_1\cup F_2}]$。不失一般性，设 $u\in F_2\setminus F_1$。如果 $N(v)\overline{F_1\cup F_2}\neq\varnothing$，由引理 6.2.4 可知 G 在 MM* 模型下是 g 好邻 t 可诊断的。如果 $N(v)\cap(\overline{F_1\cup F_2})=\varnothing$，因为 $\delta(G-F_2)\geqslant g\geqslant 2$，所以$|N(v)\cap(F_1\setminus F_2)|\geqslant 2$。根据引理 6.2.4，$G$ 在 MM* 模型下是 g 好邻 t 可诊断的。所以，$t_g^P(G)\leqslant t_g^M(G)$。因此，$t_g^M(G)=t_g^P(G)$。

□

如果 $\delta(G)\geqslant g$，称图 G 满足性质 P_g。设 $cn(G)=\max\{|N(u)\cap N(v)|:(u,v)\in E(G)\}$和 $\ln(G)=\max\{|N(u)\cap N(v)|:u$ 和 v 在 G 中不相邻$\}$。下面，我们研究图的 g 好邻诊断度和 R^g-连通度的关系。

定理 6.3.2　设 G 是一个连通图。若 G 满足下列条件：

(1) G 中任意满足性质 P_g 的子图 H 均有$|H|\geqslant a$。

(2) $\kappa^g(G)=b$ 且$|G|\geqslant 2a+2b-1$。

(3) 存在一个连通图 $H'\subseteq G$ 使得$|H'|=a$，且 $N(H')$是 G 的一个最小 R^g-点割。那么，若 $g\geqslant 0$，则 $t_g^P(G)=a+b-1$。若 $g\geqslant 2$，则 $t_g^M(G)=a+b-1$。

证明 根据定理 6.3.1，我们只需证明当 $g\geqslant 0$ 时，$t_g^P(G)=a+b-1$ 成立。

设 $F_1=N(H')$ 且 $F_2=N[H']$。显然，$F_1=N(H')\subseteq F_2$ 以及 $[F_1\Delta F_2,\overline{F_1\cup F_2}]=\varnothing$。因为 $N(H')$ 是 G 的一个 R^g-点割，所以 $\delta(G[H'])\geqslant g$ 且 $\delta(G-N[H'])\geqslant g$。即 F_1 和 F_2 都是 G 的 g 好邻集，其中 $|F_1|=b$ 且 $|F_2|=a+b$。因此，G 在 PMC 模型下不是 g 好邻$(a+b)$可诊断的。意味着，$t_g^P(G)\leqslant a+b-1$。

接下来，我们证明 $t_g^P(G)\geqslant a+b-1$。根据诊断度定义，只需证明 G 在 PMC 模型下是 g 好邻$(a+b-1)$可诊断的。假设 G 中存在两个不同的 g 好邻集 F_1 和 F_2，使得$[F_1\Delta F_2,\overline{F_1\cup F_2}]=\varnothing$，其中 $|F_1|\leqslant a+b-1$ 且 $|F_2|\leqslant a+b-1$。不失一般性，设 $F_2\setminus F_1\neq\varnothing$。注意到 $|F_1\cup F_2|\leqslant|F_1|+|F_2|<|G|$。由引理 6.2.5 可知，$F_1\cap F_2$ 是 G 的一个 R^g-点割且 $\delta(G[F_2\setminus F_1])\geqslant g$。因此，$|F_1\cap F_2|\geqslant\kappa^g(G)=b$ 且 $|F_2\setminus F_1|\geqslant a$。即 $|F_2|=|F_1\cap F_2|+|F_2\setminus F_1|\geqslant a+b$，与 $|F_2|\leqslant a+b-1$ 矛盾。所以，$t_g^P(G)\geqslant a+b-1$。

□

定理 6.3.3 设 G 是一个 k-正则图，其中 $k\geqslant 3$ 且 $|G|\geqslant 2k+6$。如果 $\kappa(G)=k$，那么 $t_0^P(G)=t_0^M(G)=k$。

证明 显然，$|G|\geqslant 2k+1$，且任意满足性质 P_0 的图 $H\subseteq G$ 均有 $|H|\geqslant 1$。不妨设 $v\in V(G)$，则 $|\{v\}|=1$ 且 $N(v)$ 是 G 的一个最小点割。由定理 6.3.2 可知，$t_0^P(G)=k$。根据定理 6.3.1，我们只需证明 $t_0^M(G)\geqslant k$，即 G 在 MM* 模型下是 0 好邻 k 可诊断的。

假设 G 中存在两个不同的点集 F_1 和 F_2 在 MM* 模型下是不可区分的，其中 $|F_1|\leqslant k$ 且 $|F_2|\leqslant k$。不失一般性，设 $F_2\setminus F_1\neq\varnothing$。因为 $|F_1\cup F_2|\leqslant|F_1|+|F_2|<|G|$，所以 $\overline{F_1\cup F_2}\neq\varnothing$。我们断言 $G[\overline{F_1\cup F_2}]$ 不含孤立点。假设 $S(\neq\varnothing)$ 是 $G[\overline{F_1\cup F_2}]$ 的一个最大独立集。设 H 是点集 $\overline{F_1\cup F_2}-S$ 在 $G[\overline{F_1\cup F_2}]$ 中的导出子图。如果 $|H|>0$，因为 (F_1,F_2) 在 MM* 模型下是一个不可区分对，所以 $[F_1\Delta F_2,V(H)]=\varnothing$。即 $F_1\cap F_2$ 是 G 的一个点割且 $|F_1\cap F_2|\geqslant k$。而 $|F_1\cap F_2|\geqslant k$ 且 $F_2\setminus F_1\neq\varnothing$，与 $|F_2|\leqslant k$ 矛盾。如果 $|H|=0$，因为 (F_1,F_2) 在 MM* 模型下是一个不可区分对，所以对任意点 $x\in\overline{F_1\cup F_2}$ 均有 $|N(x)\cap(F_1\Delta F_2)|\leqslant 2$。因此，$|N(x)\cap(F_1\cap F_2)|\geqslant k-2$。从而，$|F_1\cap F_2|\geqslant k-2$，$|F_1\cup F_2|=|F_1|+|F_2|-|F_1\cap F_2|\leqslant k+2$ 且 $|\overline{F_1\cup F_2}|=|G|-|F_1\cup F_2|\geqslant k+4$。所以，$(k+4)(k-2)\leqslant|\overline{F_1\cup F_2}|(k-2)\leqslant|[F_1\cap F_2,\overline{F_1\cup F_2}]|\leqslant|F_1\cap F_2|k\leqslant(k-1)k$，与 $k\geqslant 3$ 矛盾。

因此，$G[\overline{F_1\cup F_2}]$不含孤立点。因为$(F_1,F_2)$在 MM^* 模型下是一个不可区分对，所以$[F_1\Delta F_2,\overline{F_1\cup F_2}]=\varnothing$。由引理 6.2.5 可知，$|F_1\cap F_2|\geqslant\kappa(G)=k$。因为$|F_1\cap F_2|\geqslant k$ 且 $F_2\backslash F_1\neq\varnothing$，与$|F_2|\leqslant k$ 矛盾。所以，G 在 MM^* 模型下是 0 好邻 k 可诊断的。即 $t_0^M(G)\geqslant k$。

定理 6.3.4　设 G 是一个 k-正则图且$\kappa^1(G)=2k-2$，其中$|G|\geqslant 5k+7$。如果下列条件之一成立：

(1) G 是二部图。另外，$k\geqslant 5$ 且 $\ln(G)\leqslant 3$。

(2) G 是非二部图。另外，$k\geqslant\max\{2\ln(G)+1,3\}$，$\ln(G)\leqslant 2$ 以及 $cn(G)=0$。并且，$\min\{|N_G(H)|:H$ 是 G 的一条 2 长路或者 4 长圈$\}\geqslant 2k-1$。

则 $t_1^P(G)=t_1^M(G)=2k-1$。

证明　首先，我们考虑 G 是二部图的情形。显然，$|G|\geqslant 4k-1$，且任意满足性质 P_1 的图 $H\subseteq G$ 均有$|H|\geqslant 2$。设 $e=(u,v)$是 G 的任意一条边。因为 G 是二部图，所以对任意点 $x\in\overline{N[\{u,v\}]}$均有 $N(x)\cap N(u)=\varnothing$或者 $N(x)\cap N(v)=\varnothing$。不妨设 $N(x)\cap N(u)=\varnothing$。因为$|N(x)\cap N(v)|\leqslant\ln(G)\leqslant k-1$，所以 $\delta(G-N[\{u,v\}])\geqslant 1$。注意到$|\{u,v\}|=2$ 且$|N(\{u,v\})|=2k-2$。因此，$N(\{u,v\})$是 G 的一个最小 R^1-点割。根据定理 6.3.2，$t_1^P(G)=2k-1$。

下面我们证明 $t_1^M(G)\geqslant 2k-1$，即 G 在 MM^* 模型下是 1 好邻$(2k-1)$可诊断的。假设 G 中存在两个不同的 1 好邻集 F_1 和 F_2 在 MM^* 模型下是不可区分的，其中$|F_1|\leqslant 2k-1$ 且$|F_2|\leqslant 2k-1$。不失一般性，设 $F_2\backslash F_1\neq\varnothing$。因为$|F_1\cup F_2|\leqslant|F_1|+|F_2|<|G|$，所以$\overline{F_1\cup F_2}\neq\varnothing$。我们断言 $G[\overline{F_1\cup F_2}]$不含孤立点。如果 $F_1\subseteq F_2$，由于 $\delta(G-F_2)\geqslant 1$，则 $G[\overline{F_1\cup F_2}]=G[F_2]$不含孤立点。所以不妨假设 $F_1\backslash F_2\neq\varnothing$。

假设 S 是 $G[\overline{F_1\cup F_2}]$的一个最大独立集，$s$ 是 S 的任意一点。因为 $d_{G-F_1\cup F_2}(s)=0$，$\delta(G-F_2)\geqslant 1$ 和 $\delta(G-F_1)\geqslant 1$，可以设 $s_1\in N(s)\cap(F_1\backslash F_2)$ 且 $s_2\in N(s)\cap(F_2\backslash F_1)$。因为$(F_1,F_2)$在 MM^* 模型下是一个不可区分对，所以 $N(s)\cap(F_1\backslash F_2)=\{s_1\}$且 $N(s)\cap(F_2\backslash F_1)=\{s_2\}$。因此，$|N(s)\cap(F_1\cap F_2)|=k-2$ 且$|F_1\cap F_2|\geqslant k-2$。由于点 s 是 S 的任意一点，所以$(k-2)|S|\leqslant|[F_1\cap F_2,S]|\leqslant|F_1\cap F_2|k\leqslant(2k-2)k$。即$|S|\leqslant\dfrac{(2k-2)k}{k-2}\leqslant 2k+6$。因此，$|F_1\cup F_2|=|F_1|+|F_2|-|F_1\cap F_2|\leqslant 3k$，$|S|+|F_1\cup F_2|<|G|$ 和 $\overline{F_1\cup F_2}-S\neq\varnothing$。因为$(F_1,F_2)$在 MM^* 模型下是一个不可区分对，所以$[F_1\Delta F_2,\overline{F_1\cup F_2}-S]=\varnothing$。即 $F_1\cap F_2$ 是 G 的一个点割。又因为 F_1 和 F_2 是 G 的 1 好邻集，所以 $\delta(G-F_1)\geqslant 1$，$\delta(G-F_2)\geqslant 1$ 且 $\delta(G-F_1\cap F_2)\geqslant 1$。即

$F_1\cap F_2$ 是 G 的一个 R^1-点割，从而 $|F_1\cap F_2|\geqslant\kappa^1(G)=2k-2$。由于 $|F_1|\leqslant 2k-1$，$|F_2|\leqslant 2k-1$，$s_1\in F_1\setminus F_2$ 和 $s_2\in F_2\setminus F_1$，所以 $|F_1\cap F_2|=2k-2$，$F_1\setminus F_2=\{s_1\}$ 且 $F_2\setminus F_1=\{s_2\}$。由于 s 是 S 的任意一点且 $\ln(G)\leqslant 3$，所以 S 的每一个点都与 s_1 和 s_2 相邻且 $|S|\leqslant 3$。如果 $|S|=1$，那么 $|F_1\cap F_2|\geqslant|N(s)\setminus\{s_1,s_2\}|+|N(\{s_1,s_2\})\setminus\{s\}|\geqslant(k-2)+2(k-1)-2>2k-2$。如果 $|S|=2$，不妨设 $S=\{s,s'\}$，则 $|F_1\cap F_2|\geqslant|N(\{s,s'\})\setminus\{s_1,s_2\}|+|N(\{s_1,s_2\})\setminus\{s,s'\}|\geqslant 2(k-2)-1+2(k-2)-1>2k-2$。如果 $|S|=3$，设 $S=\{s,s',s''\}$，则 $|F_1\cap F_2|\geqslant|N(\{s,s'\})\setminus\{s_1,s_2\}|+|N(\{s_1,s_2\})\setminus\{s,s',s''\}|\geqslant 2(k-2)-1+2(k-3)>2k-2$。注意到 $|F_1\cap F_2|=2k-2$，产生矛盾。

因此，$G[\overline{F_1\cup F_2}]$ 不含孤立点。由于 (F_1,F_2) 在 MM* 模型下是一个不可区分对，所以 $[F_1\Delta F_2,\overline{F_1\cup F_2}]=\varnothing$。根据引理 6.2.5，$F_1\cap F_2$ 是 G 的一个 R^1-点割且 $\delta(G[F_2\setminus F_1])\geqslant 1$。即 $|F_1\cap F_2|\geqslant 2k-2$ 且 $|F_2\setminus F_1|\geqslant 2$，与 $|F_1|\leqslant 2k-1$ 矛盾。所以，G 在 MM* 模型下是 1 好邻 $(2k-1)$ 可诊断的，即 $t_1^M(G)\geqslant 2k-1$。

通过类似上述讨论，可以证明 G 是非二部图时结论成立.注意 G 是非二部图时，$|S|\leqslant 2$，其中 S 是 $G[\overline{F_1\cup F_2}]$ 的一个最大独立集。

□

6.4 应用

6.4.1 对换生成的凯莱图

引理 6.4.1[59] 令 $G(T)$ 是凯莱图 $G=\mathrm{Cay}(\mathrm{Sym}(n),T)$ 的对换生成图，其中 $n\geqslant 3$ 且 $|E(G(T))|=m\geqslant 7$。设 $S\subseteq V(G)$。如果 $G(T)$ 不含三角形，则 $|S|\leqslant 2m-2$。如果 $G(T)$ 含三角形，则 $|S|\leqslant 2m-3$。若 $G-S$ 不连通，那么下列结论之一成立：

(1) $G-S$ 恰含有两个分支，其中有一个是孤立点分支。

(2) 若 $G(T)$ 不含三角形，那么 $G-S$ 恰含有两个分支，其中有一个分支同构于 K_2 且 $|S|=2m-2$。

(3) 若 $G(T)$ 不含三角形，那么 $G-S$ 恰含有三个分支，其中有两个是孤立

点分支且 $|S|=2m-2$。

(4) 若 $G(T)$ 含有三角形，那么 $G-S$ 恰含有三个分支，其中有两个是孤立点分支且 $|S|=2m-3$。

根据引理 5.2.1 和引理 6.4.1，可得到如下结论：

引理 6.4.2　令 $G(T)$ 是凯莱图 $G=\mathrm{Cay}(\mathrm{Sym}(n),T)$ 的对换生成图，其中 $n\geqslant 3$ 且 $|E(G(T))|=m\geqslant 7$。则 $\boldsymbol{\kappa}^1(G)=2m-2$。

证明　设 $e=(u,v)$ 是 G 的任意一条边。因为 G 是二部图，所以对任意点 $x\in\overline{N[\{u,v\}]}$ 均有 $N(x)\cap N(u)=\varnothing$ 或者 $N(x)\cap N(v)=\varnothing$。设 $N(x)\cap N(u)=\varnothing$。因为 $\ln(G)\leqslant 3$ 且 $m\geqslant 7$，所以 $N(x)\cap(\overline{N[\{u,v\}]})\geqslant 1$。即 $N(\{u,v\})$ 是 G 的一个 R^1-点割，从而 $\boldsymbol{\kappa}^1(G)\leqslant 2m-2$。设 F 是 G 的一个最小 R^1-点割。如果 $|F|\leqslant 2m-3$，根据引理 6.4.1 可知 $G-F$ 含有孤立点，这与 R^1-点割的定义相矛盾。所以，$\boldsymbol{\kappa}^1(G)=2m-2$。

□

Wang 等确定了 $t_1^P(CK_n)$，$t_1^M(CK_n)$[62] 和 $t_1^P(C\Gamma_n)$，$t_1^M(C\Gamma_n)$[63]。结合引理 5.2.1(1)，引理 6.4.2 和定理 6.3.4(1)，我们得出了一个更好的结果。

定理 6.4.1　令 $G(\mathscr{T})$ 是凯莱图 $G=\mathrm{Cay}(\mathrm{Sym}(n),\mathscr{T})$ 的对换生成图，其中 $n\geqslant 3$ 且 $|E(G(\mathscr{T}))|=m\geqslant 7$。则 $t_1^P(G)=t_1^M(G)=2m-1$。

另外，我们确定了 $t_2^P(CK_n)$ 和 $t_2^M(CK_n)$。

引理 6.4.3[13]　设 $n\geqslant 5$，则 $\boldsymbol{\kappa}^2(CK_n)=2n^2-2n-10$。

引理 6.4.4[13]　设 C_4 是 CK_n 的一个 B 类型 4-长圈，则 $N(C_4)$ 是 CK_n 的一个 R^2-点割。

定理 6.4.2　设 $n\geqslant 5$，则 $t_2^P(CK_n)=t_2^M(CK_n)=2n^2-2n-7$。

证明　显然，$|CK_n|\geqslant 4n^2-4n-13$，任意满足性质 P_2 的图 $H\subseteq CK_n$ 均有 $|H|\geqslant 4$。设 H' 是 CK_n 的一个 B 类型 4-长圈。因为 $|N(H')|=2n^2-2n-10$，由引理 6.4.4 可知 $N(H')$ 是 CK_n 的一个最小 R^2-点割。根据定理 6.3.2，$t_2^P(CK_n)=t_2^M(CK_n)=2n^2-2n-7$。

□

文献[64]确定了 $t_2^P(C\Gamma_n)$ 和 $t_2^M(C\Gamma_n)$。Wang 等解决了 $t_2^P(BS_n)$ 和 $t_2^M(BS_n)$[69]。这些结果都可以由定理 6.3.2 直接得出。

引理 6.4.5[14]　设 $n\geqslant 4$，$\boldsymbol{\kappa}^2(C\Gamma_n)=g(C\Gamma_n)(n-3)$。

引理 6.4.6[12]　如果 $n\geqslant 4$ 且 $g(C\Gamma_n)=6$，那么 $N(C_6)$ 是 $C\Gamma_n$ 的一个 R^2-

点割，其中 C_6 是 $C\Gamma_n$ 的任意一个 6-长圈。

引理 6.4.7[14] 如果 $n\geqslant 4$ 且 $g(C\Gamma_n)=4$，那么 $N(C_4)$ 是 $C\Gamma_n$ 的一个 R^2-点割，其中 C_4 是 $C\Gamma_n$ 的一个 A 类型 4-长圈。

定理 6.4.3[70] 设 $n\geqslant 4$。如果 $g(C\Gamma_n)=6$，那么 $t_2^P(C\Gamma_n)=t_2^M(C\Gamma_n)=6n-13$。如果 $g(C\Gamma_n)=4$，那么 $t_2^P(C\Gamma_n)=t_2^M(C\Gamma_n)=4n-9$。

证明 如果 $g(C_n)=6$，设 H' 是 $C\Gamma_n$ 的任意一个 6-长圈。如果 $g(C\Gamma_n)=4$，设 H' 是 $C\Gamma_n$ 的一个 A 类型 4-长圈。通过简单的计算，可以得出 $N(H')$ 是 $C\Gamma_n$ 的一个最小 R^2-点割。根据定理 6.3.2，此定理结论成立。

引理 6.4.8[64] 设 $n\geqslant 5$，$\kappa^2(BS_n)=8n-22$。

引理 6.4.9[67] 设 $n\geqslant 5$ 和 $S=\{(1),(12),(123),(13)\}$，则 $\delta(BS_n-N[S])\geqslant 2$。

定理 6.4.4[64] 设 $n\geqslant 5$，则 $t_2^P(BS_n)=t_2^M(BS_n)=8n-19$。

证明 显然，$|BS_n|\geqslant 16n-37$，任意满足性质 P_2 的图 $H\subseteq G$ 均有 $|H|\geqslant 4$。设 $H'=BS_n[S]$，其中 $S=\{(1),(12),(123),(13)\}$。因为 $|N(H')|=8n-22$，由引理 6.4.8 和引理 6.4.9 可知 $N(H')$ 是 BS_n 的一个最小 R^2-点割。根据定理 6.3.2，$t_2^P(BS_n)=t_2^M(BS_n)=8n-19$。

□

WG_n 和 UG_n 在 PMC 模型和 MM* 模型下的 2 好邻诊断度也得到了解决。

引理 6.4.10[36] 设 $n\geqslant 5$，$\kappa^2(WG_n)=8n-18$。

引理 6.4.11[36] 设 C_4 是 WG_n 的一个 B 类型 4-长圈，其中 $n\geqslant 5$，则 $N(C_4)$ 是 WG_n 的一个最小 R^2-点割。

定理 6.4.5 设 $n\geqslant 5$，则 $t_2^P(WG_n)=t_2^M(WG_n)=8n-15$。

证明 容易验证 $|WG_n|\geqslant 16n-29$，任意满足性质 P_2 的图 $H\subseteq G$ 均有 $|H|\geqslant 4$。设 H' 是 WG_n 的一个 B 类型 4-长圈。因为 $|N(H')|=8n-18$，所以 $N(H')$ 是 WG_n 的一个最小 R^2-点割。根据定理 6.3.2，$t_2^P(WG_n)=t_2^M(WG_n)=8n-15$。

引理 6.4.12[40] 设 m 是 UG_n 的对换生成图中唯一圈的长度。如果 $3=m<n$，那么 $\kappa^2(UG_n)=4n-10$。如果 $4\leqslant m\leqslant n$，那么 $\kappa^2(UG_n)=4n-8$。

引理 6.4.13[40] 设 m 是 UG_n 的对换生成图中唯一圈的长度。如果 $3=m<n$，令 C_4 是 UG_n 的一个 B 类型 4-长圈。如果 $4\leqslant m\leqslant n$，令 C_4 是 UG_n 的一个 A 类型 4-长圈。则 $N(C_4)$ 是 UG_n 的一个 R^2-点割。

定理 6.4.6 设 m 是 UG_n 的对换生成图中唯一圈的长度。如果 $3=m<n$，

那么 $t_2^P(UG_n)=t_2^M(UG_n)=4n-7$。如果 $4\leqslant m\leqslant n$，那么 $t_2^P(UG_n)=t_2^M(UG_n)=4n-5$。

证明　如果 $3=m<n$，令 H' 是 UG_n 的一个 B 类型 4-长圈。如果 $4\leqslant m\leqslant n$，令 H' 是 UG_n 的一个 A 类型 4-长圈。通过计算，可以得出 $N(H')$ 是 UG_n 的一个最小 R^2-点割。根据定理 6.3.2，此结论成立。

□

在文献[67]中，Li 等研究了 S_n 在 PMC 模型和 MM^* 模型下的 g 好邻诊断度。这些结果也可由定理 6.3.2，定理 6.3.3 和定理 6.3.4(1)推导得出。

引理 6.4.14[67]　设 H 是 S_n 的一个子图，其中 $\delta(H)\geqslant g$。则 $|H|\geqslant(g+1)!$。

引理 6.4.15[71]　设 $0\leqslant g\leqslant n-2$。则 $\kappa^g(S_n)=(n-g-1)(g+1)!$。

引理 6.4.16[71]　$\mathrm{Sym}(n)$ 中满足最后 $(n-g-1)$ 个元素分别是 $1,2,\cdots,n-g-1$ 的所有置换构成的集合记为 S。设 $H'=S_n[S]$。则 $N(H')$ 是 S_n 的一个最小 R^g-点割。

定理 6.4.7[67]　如果 $0\leqslant g\leqslant n-2$ 且 $n\geqslant 4$，那么 $t_g^P(S_n)=t_g^M(S_n)=(n-g)(g+1)!-1$。

证明　设 H' 如引理 6.4.16 中所定义。显然，$|H'|=(g+1)!$。如果 $g=1$ 且 $n\in\{4,5\}$，通过类似定理 6.3.4(1)的讨论，可以证明 $t_1^P(S_n)=t_1^M(S_n)=2n-3$。注意在定理 6.3.4(1)的证明中 $|S|\leqslant 3$。因为 $g(S_n)\geqslant 6$，所以在此定理的证明过程中 $|S|\leqslant 1$。根据定理 6.3.2 和定理 6.3.3，此结论成立。

□

6.4.2　n 维立方体 Q_n 和 k 元 n 方体 Q_n^k

根据定义，Q_n^k 是 $2n$-正则的，Q_n 是 n-正则的。并且，Q_n^k 是二部图当且仅当 k 是偶数。$k\geqslant 4$ 时，$cn(Q_n^k)=0$ 且 $\ln(Q_n^k)=2$。Q_n^4 同构于 Q_{2n}。

在文献[18]中，Peng 等研究了 Q_n 在 PMC 模型下的 g 好邻诊断度。随后，Wang 等研究了 Q_n 在 MM^* 模型下的 g 好邻诊断度[62]。这些结果都可由定理 6.3.2～6.3.4 直接得出。

引理 6.4.17[51]　设 H 是 Q_n 中满足性质 P_g 的一个子图，其中 $0\leqslant g\leqslant n$。则 $|H|\geqslant 2^g$。

引理 6.4.18[52]　设 $n\geqslant 3$ 和 $0\leqslant g\leqslant n-2$，则 $\kappa^g(Q_n)=(n-g)2^g$。

引理 6.4.19[52] 设 $n\geqslant 3$ 和 $1<p\leqslant n$。如果 $p=n$，设 $u\in V(Q_n)$ 且 $F=N_{Q_n}(u)$。如果 $p=n-1$，设 $e\in E(Q_n)$ 且 $F=N_{Q_n}(e)$。如果 $p<n-1$，设 $e\in E(Q_{p+1})$ 且 $F=\{(x_1,x_2,\cdots,x_n)\in V(Q_n)\mid(x_1,x_2,\cdots,x_{p+1})\in N_{Q_{p+1}}(e)\}$。则 $|F|=p2^{n-p}$ 且 $\delta(Q_n-F)\geqslant n-p$。

定理 6.4.8[18,62] 设 $n\geqslant 5$ 和 $0\leqslant g\leqslant n-3$。则 $t_g^P(Q_n)=t_g^M(Q_n)=(n-g+1)2^g-1$。

证明 如果 $g=0$，设 $u\in V(Q_n)$ 且 $H'=\{u\}$。如果 $g=1$，设 $e=(u,v)\in E(Q_n)$ 且 $H'=Q_n[\{u,v\}]$。如果 $g\geqslant 2$，设 $e=((1,0,\cdots,0),(0,0,\cdots,0))\in E(Q_{n-g+1})$，$H'=Q_n[\{x_1,0,\cdots,0,x_{n-g+2},\cdots,x_n\}]$，其中 $x_1,x_{n-g+2},\cdots,x_n\in\{0,1\}$。根据引理 6.4.18，$N(H')$ 是 Q_n 的一个最小 R^g-点割。由定理 6.3.2，定理 6.3.3 和定理 6.3.4(1)可知 $t_g^P(Q_n)=t_g^M(Q_n)=(n-g+1)2^g-1$。

□

在文献[18]中，Peng 等证明了 $t_g^P(Q_n)=2^{n-1}-1$，其中 $n-2\leqslant g\leqslant n-1$。根据定理 6.3.1，可以得到如下结论：

定理 6.4.9 设 $n\geqslant 5$ 和 $n-2\leqslant g\leqslant n-1$。则 $t_g^M(Q_n)=2^{n-1}-1$。

在文献[58]中，Yuan 等确定了 $t_g^P(Q_n^k)$ 和 $t_g^M(Q_n^k)$，其中 $k\geqslant 4,n\geqslant 3$ 和 $0\leqslant g\leqslant n$。这些结果都可由定理 6.3.2～6.3.4 直接得出。

引理 6.4.20[23] 设 $k\geqslant 4,n\geqslant 3$ 和 $0\leqslant g\leqslant n$。令 H 是 Q_n^k 的一个连通子图且 $\delta(H)\geqslant g$。则 $|H|\geqslant 2g$。

引理 6.4.21[23] 设 $k\geqslant 4,n\geqslant 3$ 和 $0\leqslant g\leqslant n$。则 $\kappa^g(Q_n^k)=(2n-g)2^g$。

引理 6.4.22[23] 设 H' 是 Q_n^k 的一个导出子图，并且 H' 同构于 Q_g，其中 $0\leqslant g\leqslant n,k\geqslant 5$ 和 $n\geqslant 3$。则 $|N(H')|=(2n-g)2^g$ 且 $\delta(Q_n^k-N[H'])\geqslant g$。

定理 6.4.10[23] 设 $k\geqslant 4,n\geqslant 3$ 和 $0\leqslant g\leqslant n$。则 $t_g^P(Q_n^k)=t_g^M(Q_n^k)=(2n-g+1)2^g-1$。

证明 因为 Q_n^4 同构于 Q_{2n}，由定理 6.4.8 可知 $t_g^P(Q_n^4)=t_g^M(Q_n^4)=(2n-g+1)2^g-1$。当 $k\geqslant 5$ 时，设 H 是 Q_n^k 的一条 2-长路。因为 $g(Q_n^k)>4$ 且 Q_n^k 是 $2n$-正则，所以 $|N(H)|=6n-4\geqslant 4n-1$。根据定理 6.3.2～6.3.4，$t_g^P(Q_n^k)=t_g^M(Q_n^k)=(2n-g+1)2^g-1$。

□

6.4.3 交错群图

在文献[63]中，Wang 等确定了 $t_2^P(AN_n)$ 和 $t_2^M(AN_n)$。这些结果都可由定

理 5.3.2 直接推导出来。另外，我们确定了 $t_2^P(AG_n)$ 和 $t_2^M(AG_n)$。

引理 6.4.23[72]　设 $n\geqslant 4$，$\kappa^2(AN_n)=3n-9$

引理 6.4.24[72]　设 $n\geqslant 4$ 和 $H'=\{(1),(123),(132)\}$，则 $N(H')$ 是 AN_n 的一个 R^2-点割。

定理 6.4.11[63]　设 $n\geqslant 4$。则 $t_2^P(AN_n)=t_2^M(AN_n)=3n-7$。

证明　设 $H'=\{(1),(123),(132)\}$。因为 $|N(H')|=3n-9$，所以 $N(H')$ 是 AN_n 的一个最小 R^2-点割。根据定理 6.3.2，$t_2^P(AN_n)=t_2^M(AN_n)=3n-7$。

引理 6.4.25[54]　设 $n\geqslant 5$，则 $\kappa^2(AG_n)=6n-18$。

引理 6.4.26[54]　设 C_3 是 AG_n 的任意一个 3-长圈，其中 $n\geqslant 5$。则 $N(C_3)$ 是 AG_n 的一个 R^2-点割。

定理 6.4.12　设 $n\geqslant 5$，则 $t_2^P(AG_n)=t_2^M(AG_n)=6n-16$。

证明　设 H' 是 AG_n 的一个 3-长圈。通过计算，可以得出 $|N(H')|=6n-18$。即 $N(H')$ 是 AG_n 的一个最小 R^2-点割。根据定理 6.3.2，$t_2^P(AG_n)=t_2^M(AG_n)=6n-16$。

□

第7章

由完全图对换生成的凯莱图的子结构分析

7.1 子结构可靠性问题研究进展和本章主要结论

随着互连网络规模的不断增大,网络故障成为一个不可避免的不确定因素,维护网络正常运行的成本也随之增加。但如果网络中一部分元件发生故障,其他正常工作的元件构成的拓扑结构中至少包含该网络的一个子结构,则该子结构仍能正常运行且保留了网络的主要功能,会减少网络故障造成的损失。因此,研究和提升网络子结构的可靠性,保证网络在一定故障规模下仍然具有主要功能,能够提供一定有最低质量保证的网络服务,具有重要的理论意义和应用价值。

图作为互连网络的天然模型,网络子结构相关问题的研究可以转换为图的子结构问题。Chang 等[73]引入概率故障模型评估超立方体的子网络的可靠性,并证明其与现有随机故障模型具有相同的准确性,但计算效率更优。随后,Wu 等[74]利用概率故障模型得到了 n-维星图中$(n-1)$-维子星图的可靠性的一个上界。此外,许多图的子结构的可靠性也得到广泛关注[75-83]。

凯莱图的许多相关问题,比如:同构群问题、同构问题、哈密尔顿问题等,成为学者们研究的焦点[56-58]。凯莱图的子结构可靠性也取得较大进展,由星对换生成的凯莱图、由路对换生成的凯莱图、k-元 n-方体以及交错群图的子结构的可靠性均得到广泛关注[74-75,77,79]。本章主要利用概率故障模型得出由完全图对换生成的凯莱图的子结构可靠性的上界和下界。

7.2　准备工作

在绪论中已经介绍了 CK_n 的概念，在此不再赘述。显然，$V(CK_n)=\mathrm{Sym}(n)$，CK_n 中任意两个点 u 和 v 相邻当且仅当存在一个对换 (ij) 使得 $v=u(ij)$。换言之，若 $u=p_1\cdots p_i\cdots p_j\cdots p_n$，则 $v=u(ij)=p_1\cdots p_j\cdots p_i\cdots p_n$，反之亦然。考虑由点集$\{p_1p_2\cdots p_{n-1}i \mid p_1p_2\cdots p_{n-1}$是$\{1,2,\cdots,n\}\setminus\{i\}$的所有置换$\}$所导出的子图，该图同构于 CK_{n-1}，记为 CK_{n-1}^i。令$[1,n]=\{l\in N:1\leqslant l\leqslant n\}$。因为 $i\in[1,n]$且对于不同的 $i,j\in[1,n]$均有 $V(CK_{n-1}^i)\cap V(CK_{n-1}^i)=\varnothing$，所以 CK_n 可以分解成 n 个不交的 CK_{n-1}，即 CK_n 具有递归的层次结构。因为可以选取 $p_1p_2\cdots p_n$ 中的任一位置固定为 i，所以 CK_n 含有 n^2 个不同的 CK_{n-1}。

由于故障点比故障边对网络的破坏力更强，Chang 等[73]引入概率故障模型时忽略边故障，仅考虑点故障。假设各顶点发生故障是相互独立的，并且每个顶点的可靠性(正常工作)的概率是一致的。设 CK_n 中每个顶点可靠性概率为 p，由于 CK_n 中含有 n^2 个不同的 CK_{n-1}，记第 i 个 CK_{n-1} 可靠性概率为 C_i，其中 $1\leqslant i\leqslant n^2$。$CK_n$ 中存在一个无故障的 CK_{n-1} 的概率记为 $R_{n,n-1}(p)$。根据容斥原理，有如下结论：

$$R_{n,n-1}(p)=\sum_{i=1}^{n^2}C_i+(-1)\sum_{i,j=1,2,\cdots,n^2}^{i\neq j}C_iC_j+(-1)^2\sum_{i,j,k=1,2,\cdots,n^2}^{i\neq j\neq k}C_iC_jC_k$$
$$+(-1)^3\sum_{i,j,k,l=1,2,\cdots,n^2}^{i\neq j\neq k\neq l}C_iC_jC_kC_l+\cdots+(-1)^{n^2-1}\prod_{i=1}^{n^2}C_i$$

其中 C_iC_j 表示第 i 个 CK_{n-1} 和第 j 个 CK_{n-1} 的联合可靠性概率，$C_iC_jC_k$ 表示第 i 个 CK_{n-1}、第 j 个 CK_{n-1} 和第 k 个 CK_{n-1} 的联合可靠性概率，…，$\prod_{i=1}^{n^2}C_i$ 表示第 1 个 C_{Kn-1}、第 2 个 CK_{n-1}、… 和第 n^2 个 CK_{n-1} 的联合可靠性概率。

本文从概率故障模型的方法得出了由完全图对换生成的凯莱图的子结构可靠性的 上界和下界。

定理 7.2.1　设 CK_n 中每个顶点可靠性概率为 p，$\overline{R_{n,n-1}(p)}$是 $R_{n,n-1}(p)$ 的一个上界，则有

$$\overline{R_{n,n-1}(p)}=n^2p^{(n-1)!}-2n\binom{n}{2}p^{2(n-1)!}-2\binom{n}{2}\binom{n}{2}p^{2(n-1)!-(n-2)!}+$$

$$2n\binom{n}{3}p^{3(n-1)!}+6\binom{n}{3}\binom{n}{3}p^{3(n-1)!-3(n-2)!+(n-3)!}+$$

$$4\binom{n}{2}\binom{n}{2}p^{3(n-1)!-(n-2)!}+12\binom{n}{2}\binom{n}{3}p^{3(n-1)!-2(n-2)!}$$

定理 7.2.2 设 CK_n 中每个顶点可靠性概率为 p，$\underline{R_{n,n-1}(p)}$ 是 $R_{n,n-1}(p)$ 的一个下界，则有

$$\begin{aligned}\underline{R_{n,n-1}(p)}=&n^2p^{(n-1)!}-2n\binom{n}{2}p^{2(n-1)!}-2\binom{n}{2}\binom{n}{2}p^{2(n-1)!-(n-2)!}\\&+2n\binom{n}{3}p^{3(n-1)!}+6\binom{n}{3}\binom{n}{3}p^{3(n-1)!-3(n-2)!+(n-3)!}\\&+4\binom{n}{2}\binom{n}{2}p^{3(n-1)!-(n-2)!}\\&+12\binom{n}{2}\binom{n}{3}p^{3(n-1)!-2(n-2)!}\\&-2n\tbinom{n}{4}p^{4(n-1)!}-(4n-7)\binom{n}{2}\binom{n}{2}p^{4(n-1)!-2(n-2)!}\\&-4n\binom{n}{2}\binom{n}{3}p^{4(n-1)!-3(n-2)!}\\&-36\binom{n}{3}\binom{n}{3}p^{4(n-1)!-4(n-2)!+(n-3)!}\\&-3\binom{n}{2}\binom{n}{3}(2n-5)p^{4(n-1)!-4(n-2)!}-72\binom{n}{3}\binom{n}{4}\\&p^{4(n-1)!-5(n-2)!+2(n-3)!}-24\binom{n}{4}\binom{n}{4}p^{4(n-1)!-6(n-2)!+4(n-3)!-(n-4)!}\end{aligned}$$

7.3 主要结论

设 $a_i\in[1,n]$ 为给定的整数，令 $X^{i-1}a_iX^{n-i}=\{u_1\cdots u_{i-1}u_iu_{i+1}\cdots u_n\in V(CK_n):u_i=a_i,u_1\cdots u_{i-1}u_{i+1}\cdots u_n$ 是 $\{1,2,\cdots,n\}/\{a_i\}$ 的所有置换$\}$。显然，$X^{i-1}a_iX^{n-i}$ 可表示为 CK_n 的一个子网络 CK_{n-1} 的点集。

下面将对 CK_n 中 m 个子网络 CK_{n-1} 的不同相交情形分析。可以设 $X^{l_1-1}a_{l_1}X^{n-l_1}$、$X^{l_2-1}a_{l_2}X^{n-l_2}$、…、$X^{l_m-1}a_{l_m}X^{n-l_m}$ 是 CK_n 中 m 个不同的子网络 CK_{n-1} 的点集，其中 $l_1,\cdots,l_m\in[1,n]$，$a_{l_1},a_{l_2},\cdots,a_{l_m}\in[1,n]$ 为给定的整数。

引理 7.3.1　设 $n\geqslant 2$ 为正整数，CK_n 中 m 个子网络 CK_{n-1} 两两不相交的情形共有 $2n\binom{n}{m}$ 种，其中 $2\leqslant m\leqslant n$。

证明　设 $X^{l_1-1}a_{l_1}X^{n-l_1}, X^{l_2-1}a_{l_2}X^{n-l_2}, \cdots, X^{l_m-1}a_{l_m}X^{n-l_m}$ 是 CK_n 中 m 个两两不交的子网络 CK_{n-1} 的点集。若 $l_1=l_2=\cdots=l_m$，则 $a_{l_1},\cdots,a_{l_{m-1}}$ 和 a_{l_m} 是 $[1,n]$ 中互不相同的 m 个数。l_1 的选法有 n 种，$a_{l_1},\cdots,a_{l_{m-1}}$ 和 a_{l_m} 的选法有 $\binom{n}{m}$ 种。因此，此情形共有 $n\binom{n}{m}$ 种。若存在 $i,j\in[1,m]$，使得 $l_i\neq l_j$，则 $a_{l_i}=a_{l_j}$。任取 $l_k\in\{l_1,\cdots,l_m\}/\{l_i,l_j\}$，则 $l_k\neq l_i$ 或者 $l_k\neq l_j$，即 $a_{l_k}=a_{l_i}=a_{l_j}$ 并且 l_i、l_j 和 l_k 互不相同。由此可得 $a_{l_1}=\cdots=a_{l_m}$，$l_1,\cdots,l_{m-1}$ 和 l_m 互不相同。因此，此情形共有 $n\binom{n}{m}$ 种。综上所述，CK_n 中 m 个子网络 CK_{n-1} 两两不相交的情形共有 $2n\binom{n}{m}$ 种。

引理 7.3.2　设 $n\geqslant 2$ 为正整数，CK_n 中 m 个子网络 CK_{n-1} 两两相交，且由其公共顶点构成的集合导出的图同构于 CK_{n-m}，则这样的情形共有 $m!\binom{n}{m}\binom{n}{m}$ 种，这 m 个子网络 CK_{n-1} 共有 $\sum_{i=1}^{m}(-1)^{i-1}\binom{n}{i}(n-i)!$ 个顶点。

证明　设 $X^{l_1-1}a_{l_1}X^{n-l_1}, X^{l_2-1}a_{l_2}X^{n-l_2}, \cdots, X^{l_m-1}a_{l_m}X^{n-l_m}$ 是 CK_n 中 m 个两两相交的子网络 CK_{n-1} 的点集。因为对任意的 $l_i,l_j\in\{l_1,\cdots,l_m\}$，均有 $X^{l_i-1}a_{l_i}X^{n-l_i}\cap X^{l_j-1}a_{l_j}X^{n-l_j}\neq\varnothing$，则 $l_i\neq l_j$ 且 $a_{l_i}a_{l_j}$。因此，$l_1,\cdots,l_{m-1}$ 和 l_m 的选法有 $\binom{n}{m}$ 种，$a_{l_1},\cdots,a_{l_{m-1}}$ 和 a_{l_m} 的选法有 $\binom{n}{m}m!$ 种。另外，根据容斥原理，这 m 个 CK_{n-1} 共有 $\sum_{i=1}^{m}(-1)^{i-1}\binom{n}{i}(n-i)!$ 个顶点。

□

引理 7.3.3　设 $X^{l_1-1}a_{l_1}X^{n-l_1}$、$X^{l_2-1}a_{l_2}X^{n-l_2}$ 和 $X^{l_3-1}a_{l_3}X^{n-l_3}$ 是 CK_n 中 3 个不同的子网络 CK_{n-1} 的点集。若 $X^{l_1-1}a_{l_1}X^{n-l_1}\cap X^{l_2-1}a_{l_2}X^{n-l_2}\neq\varnothing$，且对于任意的 $j\in[1,2]$，$X^{l_3-1}a_{l_3}X^{n-l_3}\cap X^{l_j-1}a_{l_j}X^{n-l_j}=\varnothing$，则 $l_3=l_1, a_{l_3}=a_{l_2}$ 或者 $l_3=l_2, a_{l_3}=a_{l_1}$。

证明　因为 $X^{l_3-1}a_{l_3}X^{n-l_3}\cap X^{l_1-1}a_{l_1}X^{n-l_1}=\varnothing$，所以 $l_3=l_1, a_{l_3}\neq a_{l_1}$ 或者 $l_3\neq l_1, a_{l_3}=a_{l_1}$。若 $l_3=l_1$，因为 $X^{l_3-1}a_{l_3}X^{n-l_3}\cap X^{l_2-1}a_{l_2}X^{n-l_2}=\varnothing$，所以 $a_{l_3}=a_{l_2}$。同理可知 $a_{l_3}=a_{l_1}$ 时，$l_3=l_2$。

□

定理7.2.1的证明 因为 $|V(CK_{n-1})|=(n-1)!$，所以 $\sum_{i=1}^{n^2} C_i = n^2 p^{(n-1)!}$。

任取 CK_n 中两个不同的子网络 CK_{n-1}。若这两个 $CK_{n-1}^{i=1}$ 不相交，由引理7.3.1可知此情形共有 $2n\binom{n}{2}$ 种。若这两个 CK_{n-1} 有公共顶点，由引理 7.3.2 可知此情形共有 $2!\binom{n}{2}\binom{n}{2}$ 种。因此，

$$\sum_{i,j=1,2,\cdots,n^2}^{i\neq j} C_i C_j = 2n\binom{n}{2} p^{2(n-1)!} + 2\binom{n}{2}\binom{n}{2} p^{2(n-1)!-(n-2)!}$$

设 $X^{l_1-1}a_{l_1}X^{n-l_1}, X^{l_2-1}a_{l_2}X^{n-l_2}, X^{l_3-1}a_{l_3}X^{n-l_3}$ 是 CK_n 中任意 3 个不同的子网络 CK_{n-1} 的点集。这 3 个不同的 CK_{n-1} 不同的相交情形共有 4 种(详见图 7.3.1)。由引理7.3.1,满足情形1.1的共有 $2n\binom{n}{3}$ 种。由引理7.3.2,满足情形1.2 的共有 $6\binom{n}{3}\binom{n}{3}$ 种。不妨设情形 1.3 中 $X^{l_1-1}a_{l_1}X^{n-l_1}\cap X^{l_2-1}a_{l_2}X^{n-l_2}\neq\varnothing$，则 $a_{l_1}\neq a_{l_2}$ 且 $l_1\neq l_2$。因此，l_1 和 l_2 的选法有 $\binom{n}{2}$ 种，a_{l_1} 和 a_{l_2} 的选法有 $2!\binom{n}{2}$ 种。由引理7.3.3，$l_3=l_1, a_{l_3}=a_{l_2}$ 或者 $l_3=l_2, a_{l_3}=a_{l_1}$。因此，此情形共有 $4\binom{n}{2}\binom{n}{2}$ 种。设情形1.4 中 $X^{l_1-1}a_{l_1}X^{n-l_1}\cap X^{l_2-1}a_{l_2}X^{n-l_2}=\varnothing$，则 $l_1=l_2, a_{l_1}\neq a_{l_2}$ 或者 $l_1\neq l_2, a_{l_1}=a_{l_2}$。因为对于任意的 $j\in[1,2]$，$X^{l_3-1}a_{l_3}X^{n-l_3}\cap X_{l_j-1}a_{l_j}X^{n-l_j}\neq\varnothing$，则 $l_3\notin\{l_1,l_2\}$ 且 $a_{l_3}\notin\{a_{l_1},a_{l_2}\}$。因此，此情形共有 $\binom{n}{1}\binom{n}{2}\binom{n-1}{1}\binom{n-2}{1}+\binom{n}{2}\binom{n}{1}\binom{n-2}{1}\binom{n-1}{1}=12\binom{n}{2}\binom{n}{3}$ 种。综上所述，

$$\sum_{i,j,k=1,2,\cdots,n^2}^{i\neq j\neq k} C_i C_j C_k = 2n\binom{n}{3} p^{3(n-1)!} + 6\binom{n}{3}\binom{n}{3} p^{3(n-1)!-3(n-2)!+(n-3)!}$$
$$+4\binom{n}{2}\binom{n}{2} p^{3(n-1)!-(n-2)!} + 12\binom{n}{2}\binom{n}{3} p^{3(n-1)!-2(n-2)!}$$

由容斥原理可得 $R_{n,n-1(p)}\leqslant\sum_{i=1}^{n^2}C_i-\sum_{i,j=1,2,\cdots,n^2}^{i\neq j}C_iC_j+\sum_{i,j,k=1,2,\cdots,n^2}^{i\neq j\neq k}C_iC_jC_k$，

定理 7.2.1 得证。

□

因为 CK_n 含有 n^2 个不同的 CK_{n-1}，所以 CK_n 中任取 3 个不同的 CK_{n-1} 的情形共有 $\binom{n^2}{3}$ 种。满足图 7.3.1 情形 1.1～1.4 共有 $2n\binom{n}{3}+6\binom{n}{3}\binom{n}{3}+4\binom{n}{2}\binom{n}{2}+12\binom{n}{2}\binom{n}{3}=\binom{n^2}{3}$ 种，即情形 1.1～1.4 恰好包含 CK_n 中任取 3 个不同的 CK_{n-1} 的所有情形。

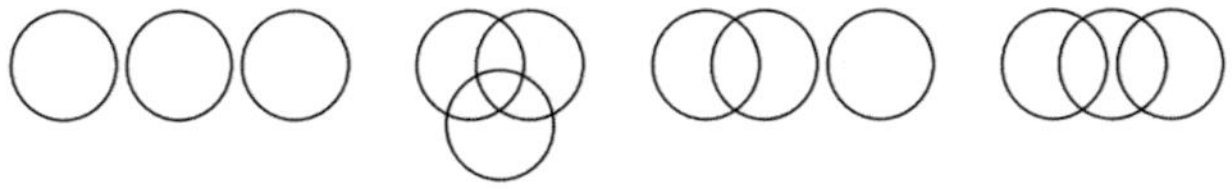

情形 1.1 情形 1.2 情形 1.3 情形 1.4

图 7.3.1 CK_n 中 3 个不同的子网络 CK_{n-1} 不同的相交情形

接下来，我们考虑 CK_n 中 4 个不同的子网络 CK_{n-1} 不同的相交情形。根据这 4 个子网络两两不相交的最大数目，可得到 11 种不同的相交情形（详见图 7.3.2）。设 $X^{l_1-1}a_{l_1}X^{n-l_1}$，$X^{l_2-1}a_{l_2}X^{n-l_2}$，$X^{l_3-1}a_{l_3}X^{n-l_3}$ 和 $X^{l_4-1}a_{l_4}X^{n-l_4}$ 是 CK_n 中任意 4 个不同的子网络 CK_{n-1} 的点集。不妨令情形 2.10 中的 $X^{l_1-1}a_{l_1}X^{n-l_1}\cap X^{l_2-1}a_{l_2}X^{n-l_2}\neq\varnothing$，由引理 7.3.3 可知 $l_3=l_1$，$a_{l_3}=a_{l_2}$，$l_4=l_2$，$a_{l_4}=a_{l_1}$ 或者 $l_3=l_2$，$a_{l_3}=a_{l_1}$，$l_4=l_1$，$a_{l_4}=a_{l_2}$。但是 $X^{l_3-1}a_{l_3}X^{n-l_3}\cap X^{l_4-1}a_{l_4}X^{n-l_4}\neq\varnothing$，矛盾。令情形 2.11 中的 $X^{l_1-1}a_{l_1}X^{n-l_1}$，$X^{l_2-1}a_{l_2}X^{n-l_2}$ 和 $X^{l_3-1}a_{l_3}X^{n-l_3}$ 两两相交，则 l_1、l_2 和 l_3 互不相等，以及 a_{l_1}、a_{l_2} 和 a_{l_3} 互不相等。由引理 7.3.3，$l_4=l_1$，$a_{l_4}=a_{l_2}$ 或者 $l_4=l_2$，$a_{l_4}=a_{l_1}$。但是，$X^{l_3-1}a_{l_3}X^{n-l_3}\cap X_{l_4-1}a_{l_4}X_{n-l_4}\neq\varnothing$，矛盾。因此，$CK_n$ 中 4 个不同的子网络 CK_{n-1} 不同的相交情形共有 9 种。

引理 7.3.4 设 $n\geqslant 2$ 为正整数，CK_n 中 4 个不同的子网络 CK_{n-1} 不同的相交情形共有 9 种（详见图 7.3.2）。另外，满足

(1) 情形 2.1 共有 $2n\binom{n}{4}$ 种，且这一情形下 4 个 CK_{n-1} 共有 $4(n-1)!$ 个点；

(2) 情形 2.2 共有 $12\binom{n}{2}\binom{n}{3}$ 种，且这一情形下 4 个 CK_{n-1} 共有 $4(n-1)!-2(n-2)!$ 个点；

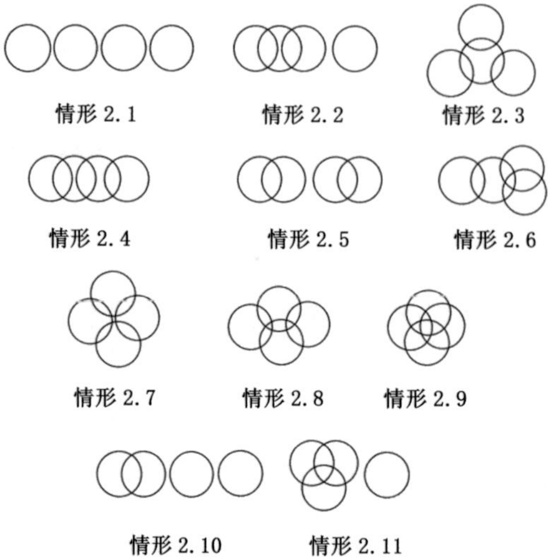

图 7.3.2 CK_n 中 4 个不同的子网络 CK_{n-1} 不同的相交情形

(3) 情形 2.3 共有 $16\binom{n}{2}\binom{n}{4}$ 种，且这一情形下 4 个 CK_{n-1} 共有 $4(n-1)!-3(n-2)!$ 个点；

(4) 情形 2.4 共有 $12\binom{n}{2}\binom{n}{2}$ 种，且这一情形下 4 个 CK_{n-1} 共有 $4(n-1)!-3(n-2)!$ 个点；

(5) 情形 2.5 共有 $\binom{n}{2}\binom{n}{2}$ 种，且这一情形下 4 个 CK_{n-1} 共有 $4(n-1)!-2(n-2)!$ 个点；

(6) 情形 2.6 共有 $36\binom{n}{3}\binom{n}{3}$ 种，且这一情形下 4 个 CK_{n-1} 共有 $4(n-1)!-4(n-2)!+(n-3)!$ 个点；

(7) 情形 2.7 共有 $3\binom{n}{2}\binom{n}{3}(2n-5)$ 种，且这一情形下 4 个 CK_{n-1} 共有 $4(n-1)!-4(n-2)!$ 个点；

(8) 情形 2.8 共有 $72\binom{n}{3}\binom{n}{4}$ 种，且这一情形下 4 个 CK_{n-1} 共有 $4(n-1)!-5(n-2)!+2(n-3)!$ 个点；

(9) 情形 2.9 共有 $24\binom{n}{4}\binom{n}{4}$种，且这一情形下 4 个 CK_{n-1}共有 $4(n-1)!-6(n-2)!+4(n-3)!-(n-4)!$个点。

证明　(1) 由引理 7.3.1 可知，满足情形 2.1 的共有 $2n\binom{n}{4}$种。

(2) 不妨设 $X^{l_1-1}a_{l_1}X^{n-l_1}$，$X^{l_2-1}a_{l_2}X^{n-l_2}$和 $X^{l_3-1}a_{l_3}X^{n-l_3}$互不相交。显然，$l_1=l_2=l_3$，$a_{l_1}$，$a_{l_2}$，$a_{l_3}$互不相等，或者 $a_{l_1}=a_{l_2}=a_{l_3}$，l_1，l_2，l_3 互不相等。若 $l_1=l_2=l_3$，则 $l_4\neq l_1$ 且 $a_{l_4}=a_{l_i}$，其中 $i\in[1,3]$。因此，l_1 的选法有 n 种，l_4 的选法有 $n-1$ 种，a_{l_1}，a_{l_2}和 a_{l_3}的选法有$\binom{n}{3}$种，a_{l_4}的选法有 3 种。若 $a_{l_1}=a_{l_2}=a_{l_3}$，则 $a_{l_4}\neq a_{l_1}$且 $l_4=l_i$，其中 $i\in[1,3]$。因此，a_{l_1}的选法有 n 种，a_{l_4}的选法有 $n-1$ 种，l_1、l_2 和 l_3 的选法有$\binom{n}{3}$种，l_4 的选法有 3 种。综上所述，满足情形 2.2 的共有 $6n(n-1)\binom{n}{3}=12\binom{n}{2}\binom{n}{3}$种。

(3) 不妨设 $X^{l_1-1}a_{l_1}X^{n-l_1}$，$X^{l_2-1}a_{l_2}X^{n-l_2}$和 $X^{l_3-1}a_{l_3}X^{n-l_3}$互不相交。显然，$l_1=l_2=l_3$，$a_{l_1}$，$a_{l_2}$，$a_{l_3}$互不相等，或者 $a_{l_1}=a_{l_2}=a_{l_3}$，l_1，l_2，l_3 互不相等。若 $l_1=l_2=l_3$，则 $l_4\neq l_1$ 且对于任意的 $i\in[1,3]$，均有 $a_{l_4}\neq a_{l_i}$。因此，l_1 的选法有 n 种，l_4 的选法有 $n-1$ 种，a_{l_1}，a_{l_2}和 a_{l_3}的选法有$\binom{n}{3}$种，a_{l_4}的选法有 $n-3$ 种。若 $a_{l_1}=a_{l_2}=a_{l_3}$，则 $a_{l_4}\neq a_{l_1}$且对于任意的 $i\in[1,3]$，均有 $l_4\neq l_i$。因此，a_{l_1}的选法有 n 种，a_{l_4}的选法有 $n-1$ 种，l_1、l_2 和 l_3 的选法有$\binom{n}{3}$种，l_4 的选法有 $n-3$ 种。综上所述，满足情形 2.3 的共有 $2n(n-1)(n-3)\binom{n}{3}=16\binom{n}{2}\binom{n}{4}$种。

(4) 不妨设情形 2.4 中从左到右 4 个 CK_{n-1}点集依次为 $X^{l_1-1}a_{l_1}X^{n-l_1}$，$X^{l_2-1}a_{l_2}X^{n-l_2}$，$X^{l_3-1}a_{l_3}X^{n-l_3}$和 $X_{l_4-1}a_{l_4}X^{n-l_4}$。显然，$l_1=l_3$，$a_{l_1}\neq a_{l_3}$或者 $a_{l_1}=a_{l_3}$，$l_1\neq l_3$。若 $l_1=l_3$，则 $a_{l_4}=a_{l_1}$，$l_4\neq l_1$。因为 $X^{l_2-1}a_{l_2}X^{n-l_2}\cap X_{l_4-1}a_{l_4}X^{n-l_4}=\varnothing$，且对任意的 $i\in\{1,3\}$，均有 $X^{l_2-1}a_{l_2}X^{n-l_2}\cap X^{l_i-1}a_{l_i}X^{n-l_i}\neq\varnothing$，所以 $l_2=l_4$，$a_{l_2}\notin\{a_{l_1},a_{l_3}\}$。因此，$l_1$ 的选法有 n 种，l_4 的选法有 $n-1$ 种，l_2 的选法有 1 种，a_{l_1}的选法有 n 种，a_{l_3}的选法有 $n-1$ 种，a_{l_4}的选法有 1 种，a_{l_2}的选法有 $n-2$ 种。若 $a_{l_1}=a_{l_3}$，则 $l_4=l_1$，$a_{l_4}\neq a_{l_1}$且 $a_{l_2}=a_{l_4}$，$l_2\notin\{l_1,l_3\}$。因

此，l_1 的选法有 n 种，l_3 的选法有 $n-1$ 种，l_4 的选法有 1 种，l_2 的选法有 $n-2$ 种，a_{l_1} 的选法有 n 种，a_{l_4} 的选法有 $n-1$ 种，a_{l_2} 的选法有 1 种。由于分步原理中涉及的排序问题，而情形 2.4 中无论先考虑 $X^{l_1-1}a_{l_1}X^{n-l_1}$ 和 $X^{l_3-1}a_{l_3}X^{n-l_3}$，或者先考虑 $X^{l_2-1}a_{l_2}X^{n-l_2}$ 和 $X^{l_4-1}a_{l_4}X^{n-l_4}$，仅是组合问题，因此满足情形 2.4 的共有 $\frac{1}{2}\times 2n^2(n-1)^2(n-2)=12\binom{n}{2}\binom{n}{3}$ 种。

(5) 设 $X^{l_1-1}a_{l_1}X^{n-l_1}\cap X^{l_2-1}a_{l_2}X^{n-l_2}\neq\varnothing$，则 $l_1\neq l_2$，$a_{l_1}\neq a_{l_2}$。由引理 7.3.3可知，有且仅有两个 CK_{n-1} 与两个相交的 CK_{n-1} 均无交集。因此，l_1 和 l_2 的选法有 $\binom{n}{2}$ 种，a_{l_1} 的选法有 n 种，a_{l_2} 的选法有 $n-1$ 种，$X^{l_1-1}a_{l_1}X^{n-l_1}$ 和 $X^{l_2-1}a_{l_2}X^{n-l_2}$ 的选法有 1 种。由于分步原理中涉及的排序问题，而情形 2.5 中无论先考虑 $X^{l_1-1}a_{l_1}X^{n-l_1}$ 和 $X^{l_2-1}a_{l_2}X^{n-l_2}$，或者先考虑 $X^{l_3-1}a_{l_3}X^{n-l_3}$ 和 $X^{l_4-1}a_{l_4}X^{n-l_4}$，仅是组合问题，因此满足情形 2.5 的共有 $\frac{1}{2}\binom{n}{2}n(n-1)=\binom{n}{2}\binom{n}{2}$ 种。

(6) 设对任意的 $i\in[3,4]$，均有 $X^{l_1-1}a_{l_1}X^{n-l_1}\cap X^{l_i-1}a_{l_i}X^{n-l_i}=\varnothing$。显然，$l_3$ 和 l_4 的选法有 $\binom{n}{2}$ 种，a_{l_3} 和 a_{l_4} 的选法有 $n(n-1)$ 种。由引理 7.3.3 可知，$X^{l_1-1}a_{l_1}X^{n-l_1}$ 的选法有 2 种。又因为对任意的 $i\in\{1,3,4\}$，均有 $X^{l_2-1}a_{l_2}X^{n-l_2}\cap X^{l_i-1}a_{l_i}X^{n-l_i}\neq\varnothing$，所以 $l_2\neq l_i$ 且 $a_{l_2}\neq a_{l_i}$。因此，l_2 的选法有 $n-2$ 种，a_{l_2} 的选法有 $n-2$ 种。综上所述，满足情形 2.6 共有 $2n(n-1)(n-2)^2\binom{n}{2}=36\binom{n}{3}\binom{n}{3}$ 种。

(7) 设 $X^{l_1-1}a_{l_1}X^{n-l_1}\cap X^{l_2-1}a_{l_2}X^{n-l_2}=\varnothing$，则 $l_1=l_2$，$a_{l_1}\neq a_{l_2}$ 或者 $l_1\neq l_2$，$a_{l_1}=a_{l_2}$。同理，$l_3=l_4$，$a_{l_3}\neq a_{l_4}$ 或者 $l_3\neq l_4$，$a_{l_3}=a_{l_4}$。若 $l_1=l_2$ 且 $l_3=l_4$，则 l_1 的选法有 n 种，a_{l_1} 和 a_{l_2} 的选法有 $\binom{n}{2}$ 种，l_3 的选法有 $n-1$ 种，a_{l_3} 和 a_{l_4} 的选法有 $\binom{n-2}{2}$ 种。若 $a_{l_1}=a_{l_2}$ 且 $a_{l_3}=a_{l_4}$，则 l_1 和 l_2 的选法有 $\binom{n}{2}$ 种，a_{l_1} 的选法有 n 种，l_3 和 l_4 的选法有 $\binom{n-2}{2}$ 种，a_{l_3} 的选法有 $n-1$ 种。若 $l_1=l_2$ 且 $a_{l_3}=a_{l_4}$，则 l_1 的选法有 n 种，a_{l_1} 和 a_{l_2} 的选法有 $\binom{n}{2}$ 种，l_3 和 l_4 的选法有 $\binom{n-1}{2}$ 种，

a_{l_3} 的选法有 $n-2$ 种。若 $l_3=l_4$ 且 $a_{l_1}=a_{l_2}$，与上述情形类似。由于分步原理中涉及的是排序问题，而情形 2.7 中无论先考虑 $X^{l_1-1}a_{l_1}X^{n-l_1}$ 和 $X^{l_2-1}a_{l_2}X^{n-l_2}$，还是先考虑 $X^{l_3-1}a_{l_3}X^{n-l_3}$ 和 $X^{l_4-1}a_{l_4}X^{n-l_4}$，仅是组合问题，因此满足情形 2.7 共有 $\frac{1}{2}\left[\binom{n}{2}n\binom{n-2}{2}(n-1)+n\binom{n}{2}(n-1)\binom{n-2}{2}+2\binom{n}{2}n\binom{n-1}{2}(n-2)\right]=3\binom{n}{2}\binom{n}{3}(2n-5)$ 种。

(8) 设 $X^{l_1-1}a_{l_1}X^{n-l_1}\cap X^{l_2-1}a_{l_2}X^{n-l_2}=\varnothing$，则 $l_1=l_2$，$a_{l_1}\neq a_{l_2}$ 或者 $l_1\neq l_2$，$a_{l_1}=a_{l_2}$。若 $l_1=l_2$，则 l_1、l_3、l_4 互不相等，且 a_{l_1}、a_{l_2}、a_{l_3}、a_{l_4} 互不相等。因此，l_1 的选法有 n 种，a_{l_1} 和 a_{l_2} 的选法有 $\binom{n}{2}$ 种，l_3 和 l_4 的选法有 $\binom{n-1}{2}$ 种，a_{l_3} 和 a_{l_4} 的选法有 $(n-2)(n-3)$ 种。若 $l_1\neq l_2$，则 l_1、l_2、l_3、l_4 互不相等，且 a_{l_1}、a_{l_3}、a_{l_4} 互不相等。因此，l_1 和 l_2 的选法有 $\binom{n}{2}$ 种，a_{l_1} 的选法有 n 种，l_3 和 l_4 的选法有 $\binom{n-2}{2}$ 种，a_{l_3} 和 a_{l_4} 的选法有 $(n-1)(n-2)$ 种。综上所述，满足情形 2.8 的共有 $2n(n-1)(n-2)\binom{n}{2}\binom{n-2}{2}=72\binom{n}{3}\binom{n}{4}$ 种。

(9) 由引理 7.3.2 可知，情形 2.9 共有 $4!\binom{n}{4}\binom{n}{4}$ 种，这 4 个 CK_{n-1} 共有 $\sum_{i=1}^{4}(-1)^{i-1}\binom{4}{i}(n-i)!$ 个点。

□

因为 CK_n 含有 n^2 个不同的 CK_{n-1}，所以 CK_n 中任取 4 个不同的 CK_{n-1} 的情形共有 $\binom{n^2}{4}$ 种。满足图 7.3.2 的情形 2.1～2.9 共有 $2n\binom{n}{4}+12\binom{n}{2}\binom{n}{3}+16\binom{n}{2}\binom{n}{3}+12\binom{n}{2}\binom{n}{3}+\binom{n}{2}\binom{n}{3}+36\binom{n}{3}\binom{n}{3}+3\binom{n}{2}\binom{n}{3}(2n-5)+72\binom{n}{3}\binom{n}{4}+24\binom{n}{4}\binom{n}{4}=\binom{n^2}{4}$ 种，即情形 2.1～2.9 恰好包含 CK_n 中任取 4 个不同的 CK_{n-1} 的所有情形。

定理 7.2.2 的证明　由容斥原理可得：

$$R_{n,n-1}(p) \geqslant \sum_{i=1}^{n^2} C_i - \sum_{i,j=1,2,\cdots,n^2}^{i\neq j} C_iC_j + \sum_{i,j,k=1,2,\cdots,n^2}^{i\neq j\neq k} C_iC_jC_k - \sum_{i,j,k,l=1,2,\cdots,n^2}^{i\neq j\neq k\neq l} C_iC_jC_kC_l$$

由定理 1 可知上述不等式右端的前三项和。由引理 7.3.4 可知，

$$\begin{aligned}
\sum_{i,j,k,l=1,2,\cdots,n^2}^{i\neq j\neq k\neq l} C_iC_jC_kC_l = {} & 2n\binom{n}{4} p^{4(n-1)!} + 12\binom{n}{2}\binom{n}{3} p^{4(n-1)!-2(n-2)!} \\
& + 16\binom{n}{2}\binom{n}{4} p^{4(n-1)!-3(n-2)!} \\
& + 12\binom{n}{2}\binom{n}{3} p^{4(n-1)!-3(n-2)!} \\
& + \binom{n}{2}\binom{n}{2} p^{4(n-1)!-2(n-2)!} \\
& + 36\binom{n}{3}\binom{n}{3} p^{4(n-1)!-4(n-2)!+(n-3)!} \\
& + 3\binom{n}{2}\binom{n}{3}(2n-5) p^{4(n-1)!-4(n-2)!} \\
& + 72\binom{n}{3}\binom{n}{4} p^{4(n-1)!-5(n-2)!+2(n-3)!} \\
& + 24\binom{n}{4}\binom{n}{4} p^{4(n-1)!-6(n-2)!+4(n-3)!-(n-4)!} \\
= {} & 2n\binom{n}{4} p^{4(n-1)!} + (4n-7)\binom{n}{2}\binom{n}{2} p^{4(n-1)!-2(n-2)!} \\
& + 4n\binom{n}{2}\binom{n}{3} p^{4(n-1)!-3(n-2)!} \\
& + 36\binom{n}{3}\binom{n}{3} p^{4(n-1)!-4(n-2)!+(n-3)!} \\
& + 3\binom{n}{2}\binom{n}{3}(2n-5) p^{4(n-1)!-4(n-2)!} \\
& + 72\binom{n}{3}\binom{n}{4} p^{4(n-1)!-5(n-2)!+2(n-3)!} \\
& + 24\binom{n}{4}\binom{n}{4} p^{4(n-1)!-6(n-2)!+4(n-3)!-(n-4)!}
\end{aligned}$$

综上所述，定理 7.2.2 得证。

□

参考文献

[1] BRIGHAM R C, HARARY F, VIOLIN E C, et al. Perfect-matching preclusion[J].Congressus numerantium,2005(174):185-192.

[2] WANG S Y,WANG R X,LIN S W,et al.Matching preclusion for k-ary n-cubes[J].Discrete applied mathematics,2010(158):2066-2070.

[3] CHENG E, LIPTiÁK L. Matching preclusion and conditional matching preclusion problems for tori and related Cartesian products[J]. Discrete applied mathematics,2012(160):1699-1716.

[4] PARK J H,IHM I.Strong matching preclusion[J].Theoretical computer science,2011(412):6409-6419.

[5] WANG S Y,FENG K,ZHANG G Z.Strong matching preclusion for k-ary n-cubes[J].Discrete applied mathematics,2013(16):3054-3062.

[6] WANG S Y,FENG K.Strong matching preclusion for torus networks[J]. Theoretical computer science,2014(520):97-110.

[7] FENG K, WANG S Y. Strong matching preclusion for two-dimensional torus net works[J].International journal of computer mathematics,2015(92):473-485.

[8] HARARY F.Conditional connectivity[J].Networks,1983(13):347-357.

[9] ESFAHANIAN A H. Generalized measures of fault tolerance with application ton-cube network[J]. IEEE transactions on computers, 1989(38):1586-1591.

[10] XU J M. Toplogical structure and analysis of interconnection networks,

[M].Dordrecht/Boston/London:Kluwer Academic Publishers,2001.

[11] TU J H,ZHOU Y K,SU G F.A kind of conditional connectivity of Cayley graphs generated by wheel graphs [J]. Applied mathematics and computation,2017(301):177-186.

[12] WAN M,ZHANG Z.A kind of conditional vertex connectivity of star graphs[J].Applied mathematics letters,2009(22):264-267.

[13] WANG G L, SHI H Z, HOU F F, et al. Some conditional vertex connectivities ofcomplete-transposition graphs[J].Information sciences, 2015(295):536-543.

[14] YANG W H,LI H Z,MENG J X.Conditional connectivity of Cayley graphs generated by transposition trees [J]. Information processing letters,2010(110):1027-1030.

[15] YU X M,HUANG X H,ZHANG Z.A kind of conditional connectivity of Cayley graphs generated by unicyclic graphs[J].Information sciences, 2013(243):86-94.

[16] YANG W H.A kind of conditional connectivity of transposition networks generated by k-trees [J]. Discrete applied mathematics, 2018 (237): 132-138.

[17] LAI P L,TAN J J M,CHANG C P,et al.Conditional diagnosability measures for large multiprocessor systems [J]. IEEE transactions on computers,2005(54):165-175.

[18] PENG S L,LIN C K,TAN J J M,et al.The g-good-neighbor conditional diagnosability of hypercube under PMC model[J].Applied mathematics and computation,2012(218):10406-10412.

[19] ZHANG S R,YANG W H.The g-extra conditional diagnosability and sequential t/k-diagnosability of hypercubes[J].International journal of computer mathematics,2016(93):482-497.95

[20] HSIEH S Y,KAO C Y.The conditional diagnosability of k-ary n-cubes under the comparison diagnosis model [J]. IEEE transactions on computers,2013(62):839-843.

[21] LIN L, XU L, ZHOU S. Conditional diagnosability and strong diagnosability of Split Star Networks under the PMC model [J]. Theoretical computer science,2015(562):565-580.

[22] ZHU Q,LIU S Y,XU M.On conditional diagnosability of the folded

hypercubes[J].Information sciences,2008(178):1069-1077.

[23] YUAN J, LIU X L, ZHANG J F, et al. The g-good-neighbor conditional diagnosability of k-ary n-cubes under the PMC model and MM model[J]. IEEE transactions parallel distribution system,2015(26):1165-1177.

[24] YUAN J, LIU A, QIN X, et al. The g-good-neighbor conditional diagnosability measures for 3-ary n-cube networks[J]. Theoretical computer science, 2016 (626):144-162.

[25] CHENG E, QIU K, SHEN Z. On the conditional diagnosability of matching composition networks[J]. Theoretical computer science, 2014 (557):101-114.

[26] HAO R X, TIAN Z X, XU J M. Relationship between conditional diagnosability and 2-extra connectivity of symmetric graphs [J]. Theoretical computer science,2016(627):36-53.

[27] LIN L, XU L, ZHOU S. Relating the extra connectivity and the conditional diagnosability of regualr graphs under the comparison model[J]. Theoretical computer science,2016(618):21-29.

[28] CHENG E, LIPTiÁK L. Matching preclusion for some interconnection networks[J].Networks,2007(50):173-180.

[29] CHENG E, LIPMAN M J, LIPTiÁK L. Matching preclusion and conditional matching preclusion for regular interconnection networks[J]. Discrete applied mathematics,2012(160):1936-1954.

[30] CHENG E, JIA R, LU D. Matching preclusion and conditional matching preclusion for augmented cubes[J].Journal of interconnection networks, 2010(11):35-60.

[31] CHENG E, LESNIAK L, LIPMAN M J, et al. Matching preclusion for alternating group graphs and their generalizations [J]. International journal of foundations of computer science,2008(19):1413-1437.

[32] CHENG E, LIPTiÁK L, SHERMAN D. Matching preclusion for the (n, k)-bubble-sort graphs[J].International journal of computer mathematics, 2010(87):2408-2418.

[33] HU X L, LIU H Q. The (conditional) matching preclusion for burnt pancake graphs[J].Discrete applied mathematics,2013(161):1481-1489.

[34] LÜ H Z, LI X Y, ZHANG H P. Matching preclusion for balanced hypercubes[J].Theoretical computer science,2012(465):10-20.

[35] LI Q L, SHIU W C, YAO H Y. Matching preclusion for cube-connected cycles[J]. Discrete applied mathematics, 2015(190-191): 118-126.

[36] LI Q L, HE J H, ZHANG H P. Matching preclusion for vertex-transitive networks[J]. Discrete applied mathematics, 2016(207): 90-98.

[37] CHENG E, LESNIAK L, LIPMAN M J, et al. Conditional matching preclusionsets[J]. Information sciences, 2009(179): 1092-1101.

[38] FENG K. Strong matching preclusion for non-bipartite torus networks[J]. Theoretical computer science, 2017(689): 137-146.

[39] YANG M C, TAN J J M, HSU L H. Hamiltonian circuit and linear array embeddingsin faulty k-ary n-cubes[J]. Journal of parallel and distributed computing, 2007(67): 362-368.

[40] CHENG E, SHAH S, SHAH V, et al. Strong matching preclusion for augmented cubes[J]. Theoretical computer science, 2013(491): 71-77.

[41] CHENG E, KELM J, RENZI J. Strong matching preclusion of (n, k)-star graphs[J]. Theoretical computer science, 2016(615): 91-101.

[42] BONNEVILLE P, CHENG E, RENZI J. Strong matching preclusion for alternating group graphs and spilt-stars[J]. Journal of interconnection networks, 2011(12): 277-298.

[43] PARK J H. Matching preclusion problem in restricted HL-graphs and recursive circulant $G(2m, 4)$[J]. Journal of kiise, 2008(35): 60-65.

[44] TASI C H, TAN J J M, CHUANG Y C, et al. Hamiltonian properties of faulty recursive circulant graphs[J]. Journal of interconnection networks, 2002(4): 273-289.

[45] BERMOND J C, FAVARON O, MAHEO M. Hamiltonian decomposition of Cayley graphs of degree 4[J]. Journal of combinatorial theory, series B, 1989(46): 142-153.

[46] KIM H C, PARK J H. Fault hamiltonicity of two-dimensional torus networks[C]//Proceedings of workshop on algorithms and computation WAAC'00, Tokyo, Japan, 2000: 110-117.

[47] LIU Y, LIU W W. Fractional matching preclusion of graphs[J]. Journal of combinatorial optimization, 2017(34): 522-533.

[48] LIN R Z, ZHANG H P. Fractional matching preclusion number of graphs and the perfect matching polytope [J]. Journal of combinatorial optimization, 2020(39): 915-932.

[49] ZOU J Y, MAO Y P, WANG Z, et al. Fractional matching preclusion number of graphs[J]. Discrete applied mathematics, 2022(31): 142-153.

[50] WANG J L. Fractional matching preclusion of product networks[J]. Theoretical computer science, 2020(846): 75-81.

[51] HU X M, TIAN Y Z, LIANG X D, et al. Matching preclusion for n-dimensional torus networks[J]. Theoretical computer science, 2017(687): 40-47.

[52] KIM H C, PARK J H. Path and cycles in d-dimensional tori with faults[C]//Proceedings of workshop on algorithms and computation, WAAC01, Pusan, Korea, 2001, 67-74.

[53] WU J, GUO G. Fault tolerance measures for m-ary n-dimensional hypercubes based on forbidden faulty sets[J]. IEEE transactions on computers, 1998(47): 888-893.

[54] ZHANG Z, XIONG W, YANG W H. A kind of conditional fault tolerance of alter nating group graphs[J]. Information processing letters, 2010(110): 998-1002.

[55] YANG W H, LI H Z, GUO X F. A kind of conditional fault tolerance of (n, k)-star graphs[J]. Information processing letters, 2010(110): 1007-1011.

[56] BABAI L. Automorphism groups, isomorphism, reconstruction[M]. Cambridge, MA: MIT Press, 1996.

[57] LI C H. On isomorphisms of finite Cayley graphs: a survey[J]. Discrete mathematics, 2002(256): 301-334.

[58] XU M Y, XU S J. The symmetry properties of Cayley graphs of small valences on the alternating group A5[J]. Science in China series A, 2004(47): 593-604.

[59] CHENG E, LIPTÁK L. Fault resiliency of Cayley graphs generated by transpositions[J]. International journal of foundational computer science, 2007(5): 1005-1022.

[60] PREPARATA F P, METZE G, CHIEN R T. On the connection assignment problem of diagnosable systems[J]. IEEE transactions on electronic computers, 1967(16): 848-854.

[61] SENGUPTA A, DAHBURA A T. On self-diagnosable multiprocessor systems: diagnosis by the comparison approach[J]. IEEE transactions on

electronic computers,1992(41):1386-1396.

[62] WANG S Y,HAN W P.The g-good-neighbor conditional diagnosability of n dimensional hypercubes under the MM model [J]. Information processing letters,2016(116):574-577.

[63] WANG S Y,YANG Y X.The 2-good-neighbor(2-ertra) diagnosability of alternating group graph networks under the PMC model and MM model [J].Applied mathematics and computation,2017(305):241-250.

[64] WANG S Y,WANG Z H,WANG M.The 2-good-neighbor connectivity and 2-good neighbor diagnosability of bubble-sort star graph networks [J].Discrete applied mathematics,2017(217):691-706.

[65] WANG M,LIN Y Q,WANG S Y.The 1-good-neighbor connectivity and diagnosability of Cayley graphs generated by complete graphs [J]. Discrete applied mathematics,2018(246)108-118.

[66] REN Y X,WANG S Y.The g-good-neighbor diagnosability of locally twisted cubes[J].Theoretical computer science,2017(697):91-97.

[67] LI D S,LU M.The g-good-neighbor conditional diagnosability of star graphs under the PMC model and MM model [J]. Discrete applied mathematics,2017(674):53-59.

[68] XU X,LI X W,ZHOU S M,et al.The g-good-neighbor diagnosability of (n,k)-star graphs[J].Theoretical computer science,2017(659):53-63.

[69] WANG M,GUO Y B,WANG S Y.The 1-good-neighbor diagnosability of Cayley graphs generated by transposition trees under the PMC model and MM model[J].International journal of computer mathematics,2017(94):620-631.

[70] WANG M,LIN Y Q,WANG S Y.The 2-good-neighbor diagnosability of Cayley graphs generated by transposition trees under the PMC model and MM model[J].Theoretical computer science,2016(628):92-100.

[71] LI X J,XU J M.Generalized measures for fault tolerance of star networks [J].Net works,2014(63):225-230.

[72] LI X J,XU J M.Fault-tolerance of (n,k)-star networks[J].Applied mathematics and computation,2014(248):525-530.

[73] CHANG Y,BHUYAN L.A combinatorial analysis of subcube reliability in hypercube[J].IEEE Transactions on computers,1995(44):952-956.

[74] WU X L,LATIFI S.Substar reliability analysis in star networks[J].

Information sciences,2008(178):2337-2348.

[75] FENG K,MA X Y,WEI W.Subnetwork reliability analysis of bubble-sort graph networks[J].Theoretical computer science,2021(896):98-110.

[76] FENG K,MA X.Subnetwork reliability of (n,k)-bubble-sort networks [J].Computer science,2021(48):43-48.

[77] FENG K,JI Z J,WEI W.Subnetwork reliability analysis in k-ary n-cubes [J].Discrete applied mathematics,2019(267):85-92.

[78] 李婧.k 元 n 方体的子网络可靠性研究[D].太原:山西大学,2021.

[79] LIN L M,XU L,ZHOU S M,et al.The reliability of subgraphs in the arrangement graph[J]. IEEE transactions on reliability, 2015(64): 807-818.

[80] LI X W,ZHOU S M,XU X,et al.The reliability analysis based on subsystems of (n,k)-star graph[J].IEEE transactions on reliability, 2016(65):1700-1709.

[81] HUANG Y Z,LIN L M,WANG D J.On the reliability of alternating group graph based networks[J].Theoretical computer science,2018(728) 9-28.

[82] ZHANG Q F,XU L Q,ZHOU S M,et al.Reliability analysis of subsystem in dual cubes[J].Theoretical computer science,2020(816) 249-259.

[83] ZHANG Q F,XU L Q,ZHOU S M,et al.Reliability analysis of subsystem in balanced hypercubes [J]. IEEE access, 2020 (8): 26478-26486.